FISICA
IN
5 minuti

FISICA IN 5 MINUTI

Socio Unico Giangiacomo Feltrinelli Editore srl
Via Andegari, 6 - 20121 Milano
info@gribaudo.it - www.gribaudo.it

Testi: Sergio Rossi
Progetto e impaginazione: Camilla Polidori
Immagini: Shutterstock Images, tranne pp. 36, 38, 40-42, 48, 53, 56-59, 62, 63, 66, 67, 72, 78, 83-86, 93, 95, 96, 99, 104, 111, 112, 125, 127, 133, 138, 139, 141, 147, 167, 172, 173, 189, 196, 199, 205, 211, 232, 243, 245 (Stefano Trainito)

Responsabile di produzione: Franco Busti
Responsabile di redazione: Laura Rapelli
Redazione: Daniela Albertini
Responsabile grafico: Meri Salvadori
Fotolito e prestampa: Federico Cavallon, Fabio Compri
Segreteria di redazione: Emanuela Costantini

FSC
www.fsc.org
MISTO
Carta
da fonti gestite in
maniera responsabile
FSC® C021883

Stampa e confezione: Grafica Veneta, Trebaseleghe (PD)

Prima edizione 2020 [9(L)] 978-88-580-2786-8

SERGIO ROSSI

FISICA IN 5 minuti

INTERPRETARE LA **REALTÀ**... 5 MINUTI ALLA VOLTA

GRIBAUDO

l'autore

SERGIO ROSSI (Perugia, 1970) vive a Bologna, è laureato in Fisica e lavora nell'editoria come scrittore ed editor. Tra i suoi libri, i romanzi ***Masao, l'eroe di Fukushima*** (Einaudi Ragazzi, 2018), ***Il terzo figlio*** (San Paolo, 2017) e ***Un lampo nell'ombra*** (Feltrinelli, 2013), i graphic novel ***Girotondo*** (dis. di Agnese Innocente, Il Castoro, 2020), ***Marcel Duchamp, una vita ready-made*** (dis. di Emanuele Racca, Centauria, 2020) e ***Nikola Tesla*** (dis. di Giovanni Scarduelli, Becco Giallo, 2018, Premio divulgazione scientifica "Giancarlo Dosi" 2019), il saggio ***Einstein l'aveva capito. La scoperta delle onde gravitazionali*** (ill. di Allegra Agliardi, Feltrinelli, 2017). Per Gribaudo ha pubblicato ***I più grandi inventori della storia*** (2019, ill. di Veronica Carratello) e ***CambiaMondo: cosa fare (e non fare) per il nostro pianeta*** (2018, con Beniamino Sidoti, ill. di Chiara Morra).

introduzione

"Non ho mai capito nulla di fisica."

È questa la frase che caratterizza i ricordi di molti studenti delle scuole secondarie. Il risultato di tale convinzione è che per il resto della vita ci teniamo lontani da questa materia che invece è presente in ogni aspetto della nostra quotidianità e la condiziona al punto che "non possiamo proprio farne a meno".

Fisica in 5 minuti è un manuale divertente e leggero, e vi farà scoprire che le vite degli scienziati non sono tutte grigie e noiose, ma hanno anche ispirato film, romanzi e fumetti. Che le scoperte non sempre sono state capite al primo colpo e che a volte hanno creato problemi, anche mortali, come anche conseguenze straordinarie e imprevedibili. Nel percorso saranno proposti anche qualche quesito divertente e alcune situazioni quotidiane, che mostreranno come davvero "usiamo" la fisica senza accorgercene.

Questo libro non vi trasformerà in novelli Einstein, ma vi aiuterà a osservare quella conoscenza che ci racconta come è fatta davvero la realtà, e suoi protagonisti, senza più timore ma con curiosità e stupore.

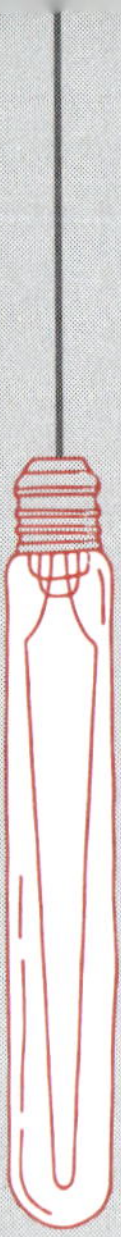

A cosa serve la fisica?

Immaginate la vostra giornata.
Vi alzate, accendete la luce, spegnete la sveglia sullo smartphone, accendete il gas per fare il caffè e fate la doccia con l'acqua calda. Vi vestite e andate al lavoro o a scuola con la macchina, oppure con i mezzi pubblici o la bicicletta. Usate il computer e il cellulare, passate gli acquisti al supermercato su un apparecchio che ne legge il codice a barre, vedete in televisione, in diretta, la partita di Champions League che accade dall'altra parte del mondo, scongelate la carne o la pizza per la cena nel forno a microonde.
Ecco, tutti questi gesti quotidiani sono possibili **grazie alla fisica**. O meglio, grazie allo studio dei fenomeni della natura che chiamiamo "fisica": infatti il nome viene dal greco *phýsis* che significa, appunto, «natura».

Abbiamo in casa la luce e l'elettricità per ricaricare i nostri telefoni grazie agli studi sul campo elettromagnetico, mentre quelli sulla combustione dei gas naturali e dei combustibili fossili ci permettono di avere l'acqua calda in casa. La visione di una partita via satellite si deve alla relatività generale, come anche la possibilità di usare il localizzatore GPS in macchina. L'uso di batterie solari è un prodotto della meccanica quantistica nata all'inizio del XX secolo, le batterie classiche hanno origine alla fine del Settecento grazie agli esperimenti di un conte italiano sulle rane, mentre l'idea di usare le microonde per cuocere i cibi è nata mentre si studiavano nuovi radar per l'esercito.
Come vedete, **la fisica è dappertutto** e serve a fare tutto. Anche per questo è una buona idea capire come funziona.

Perché non capisco la fisica?

Perché occorre la matematica.

È così, inutile girarci intorno. Per capire come funzionano i fenomeni della natura il nostro linguaggio di tutti i giorni è utile, ma fino a un certo punto. Il linguaggio più efficace è la matematica, come ha ben detto Galileo Galilei, che non è stato il primo ad accorgersene ma quello che ha dimostrato una volta per tutte che senza matematica non si andava da nessuna parte.

È solo quando traduciamo quello che accade nel mondo nel **linguaggio della matematica** che si capisce davvero come funziona. Per esempio, si può osservare come un fenomeno semplice come il movimento di un pendolo, che altro non è che un peso attaccato a un filo a sua volta fissato a un soffitto, abbia un andamento tutt'altro che prevedibile e come, a ben guardare, ci possa anche dimostrare che il nostro pianeta ruota (Alt! Non facciamo spoiler, lo vedrete più avanti). Quindi è per questo che la fisica è difficile: per comprenderla occorre usare un altro linguaggio. Non sappiamo ancora bene perché la matematica funziona così bene, neppure i fisici lo sanno, ma funziona.

Se l'uomo non sapesse di matematica non si eleverebbe di un sol palmo da terra.

Galileo Galilei
(1564-1642)

Però non preoccupatevi: per avvicinarsi alla fisica basta conoscere le quattro operazioni fondamentali e, più di tutto, **serve molta curiosità**. Un po' come quando andiamo a mangiare nel ristorante di un grande chef: non siamo in grado di cucinare gli stessi piatti, ma di certo possiamo riconoscere gli ingredienti usati e apprezzare il risultato finale.

Perché si usano i gravi?

Una vecchia barzelletta racconta di un fisico alle prese con la mungitura di una mucca. Il fisico guarda l'animale, poi sorridendo dice: «Ho capito come fare. Allora, facciamo finta che la mucca sia una sfera...».

Fare i conti con gli oggetti reali è molto difficile: sono grandi e molto scomodi da utilizzare. Allora ecco che i fisici hanno inventato un trucco: **semplificare**. Per esempio, quando si considera un corpo che si muove, ci si riferisce al solo baricentro, ossia «il punto geometrico corrispondente al valor medio della distribuzione della massa del sistema nello spazio», in poche parole il punto in cui agisce la forza di gravità (nel corpo umano si trova nell'addome).

In questo modo per studiare il movimento di un corpo basta studiare quello del punto, poi tutto il resto viene da sé. È chiaro che in questa semplificazione qualcosa si perde: se il punto che cade appartiene al nostro corpo, limitarsi solo a questo non ci dice se atterreremo sui piedi o sulla testa (e la differenza è notevole).
Molti corpi vengono invece semplificati con figure geometriche semplici e conosciute, come per esempio una sfera (poi, capire come si munge una sfera è un altro problema), e prendono il nome di "gravi", dal latino ***gravis***, che significa «che ha peso, che è soggetto alla forza di gravità»: in pratica qualunque cosa.

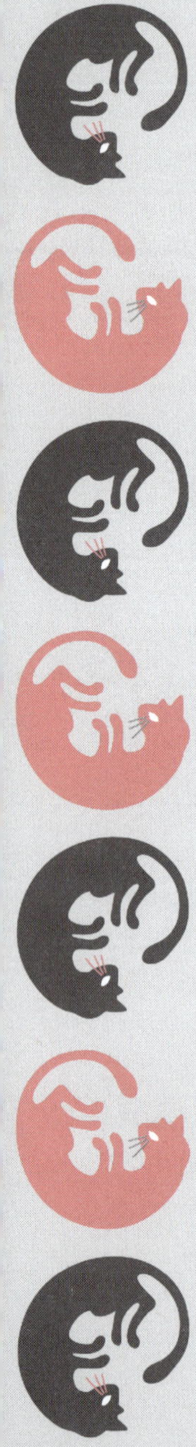

Perché la fetta di pane con la marmellata cade sempre dal lato della marmellata, mentre i gatti atterrano sulle zampe?

Due esempi di fisica quotidiana.

TAVOLI TROPPO BASSI

Secondo la legge di Murphy, è sfiga. Secondo il fisico Robert Matthews il fatto che la fetta cada dalla parte della marmellata dipende invece dall'altezza del tavolo da cui cade. Quando una fetta con la marmellata cade, la parte sporgente provoca un moto di rotazione che fa girare la nostra fetta. Di solito la distanza tavolo-suolo è breve, e quindi la fetta non fa in tempo a fare un giro completo e di conseguenza atterra con il lato farcito. Quindi abbiamo due soluzioni: **o alziamo i tavoli**, così le fette avrebbero il tempo di ruotare e di cadere dal lato senza marmellata, **oppure** dovremmo **usare fette più piccole**. Infatti, più grande è la fetta più la rotazione è lenta, mentre più piccola è la fetta, più veloce è la rotazione e quindi è più probabile che la nostra merenda cada sul lato senza marmellata. Quest'ultima proprietà la usano anche i gatti quando cadono di schiena.

I GATTI PARACADUTISTI

Lo scienziato americano Thomas Kane ha scoperto che quando i gatti cadono di schiena, prima raccolgono le zampe al corpo per ruotare e raddrizzarsi il più velocemente possibile, poi le allungano per non ruotare più e, infine, piegano gli arti per assorbire l'impatto dell'atterraggio con le articolazioni e non con le ossa, proprio come fanno i paracadutisti quando atterrano.

COME FANNO I FACHIRI A STENDERSI SU UN LETTO DI CHIODI SENZA FARSI MALE? NON È MAGIA... È FISICA!

Fateci caso: il letto su cui si sdraiano è composto da tantissimi chiodi messi uno vicino all'altro. In questo modo il peso del corpo steso è distribuito su tutto il letto e ogni chiodo ha su di lui troppo poco peso per bucare la pelle del coraggioso fachiro. Per questo i fachiri non si feriscono... e se volete provare anche voi, ricordatevi di mettere davvero tanti, tanti chiodi sennò vi fate male!

“Se non è in accordo con gli esperimenti è sbagliata.” In questa piccola affermazione c’è la chiave della scienza. Non importa quanto bella sia la tua intuizione, non importa quanto intelligente sia la persona che l’ha formulata: se non è in accordo con gli esperimenti è sbagliata. È tutto qui.

Richard Feynman
(1918-1988)

Il metodo scientifico

Come ragionano i fisici?
Come tutti gli altri scienziati, i fisici usano **il metodo scientifico**, che possiamo riassumere in queste cinque tappe.

[1]

Osservare un fenomeno e porsi un problema

Si osserva un fenomeno naturale (per esempio un gatto che cade o della materia che si comporta in modo strano) e si cerca di capire perché accade.

[2]

Cercare le spiegazioni e formulare le ipotesi

Si prova a capire come funziona il fenomeno.

[3]

Cercare una regola

Se non si trova una regola, detta anche **teoria**, che descrive il fenomeno, se ne formula una nuova.

[4]

Documentare

Si studiano i testi che, prima di noi, si sono occupati del fenomeno per evitare di ripetere gli stessi esperimenti oppure gli stessi errori.

[5]

Verificare la regola

Si verifica la teoria con un esperimento. Se la teoria è corretta, l'esperimento ritroverà quell'evento, altrimenti bisogna tornare indietro e ricominciare daccapo.

IL PADRE DELLA FISICA MODERNA

GALILEO GALILEI (1564-1642)

Galileo Galilei è considerato il padre della fisica ma anche della scienza moderna perché ha imposto il metodo scientifico e la matematica come linguaggio per studiare la natura. Nel suo libro *Il Saggiatore* dice chiaramente: «Il mondo è scritto in lingua matematica, e i caratteri son triangoli, cerchi ed altre figure geometriche, senza i quali mezzi è impossibile a intenderne umanamente parola».

Galileo ha studiato il **movimento dei corpi sul piano inclinato** e come sono legate la lunghezza del pendolo con l'ampiezza della sua oscillazione, permettendo così, anni dopo, di far costruire gli orologi a pendolo; ha inventato o **perfezionato strumenti scientifici** usati ancora oggi come il cannocchiale, il termometro e la bilancia ad acqua per calcolare la densità dei corpi.

IL PADRE
A FISICA MODERNA

Galileo è anche considerato uno dei più grandi scrittori italiani di ogni tempo per la qualità letteraria delle sue opere *Dialogo sui massimi sistemi* e *Il Saggiatore*, nelle quali esprimeva le sue idee scientifiche.

Più di tutto, la fama di Galileo è legata allo **studio degli astri**: scoprì che la Luna aveva rocce, valli, montagne e crateri proprio come la Terra; che il pianeta Giove aveva anche lui dei satelliti che nessuno aveva mai visto; che la Terra gira intorno al Sole, e non viceversa, insieme agli altri pianeti del sistema solare, dimostrando le teorie di Niccolò Copernico (non considerò, sbagliando, le orbite ellittiche come invece gli aveva suggerito Keplero). Per queste scoperte venne condannato dal tribunale dell'Inquisizione perché contrarie alle parole della Bibbia, e costretto all'esilio nella villa di Arcetri. Le sue scoperte invece dilagarono per l'Europa contribuendo in maniera decisiva allo sviluppo della scienza.

GALILEO AL TEATRO

VITA DI GALILEO

di Bertolt Brecht

È una delle opere più famose del drammaturgo tedesco, che la riscrisse più volte tra il 1936 e il 1956. Attraverso la figura e il processo a Galileo Galilei, Brecht mette sotto la lente le responsabilità degli scienziati nel mondo, soprattutto alla luce dello scoppio delle due bombe atomiche di Hiroshima e Nagasaki, il loro rapporto con il potere e con la ricerca della verità scientifica. È in quest'opera che Brecht scrive il suo verso più famoso: «Sventurata la Terra che ha bisogno di eroi», messo in bocca allo stesso Galileo in risposta ai suoi allievi che lo insultavano dopo la sua abiura al tribunale dell'Inquisizione, a significare che è sempre un brutto momento quando si ha bisogno di un simbolo esterno per trovare la forza di reagire a delle ostilità quando invece dovrebbero essere sufficienti le proprie convinzioni.

E AL CINEMA

GALILEO
di Liliana Cavani

Film biografico del 1968, realizzato dalla regista Liliana Cavani che racconta la vita dello scienziato, interpretato dall'attore irlandese Cyril Cusack, da quando era professore a Padova, fino al processo e all'esilio nella villa di Arcetri. Nella prima parte si racconta anche l'amicizia tra Galileo e il filosofo e frate domenicano Giordano Bruno che vedeva nella teoria copernicana un sostegno per la sue teorie sull'infinità del cosmo e la pluralità dei mondi, oltre che un grimaldello per scardinare le idee della Chiesa. Bruno verrà processato e poi bruciato sul rogo in Campo de' Fiori a Roma nel 1600 per non aver voluto abiurare le sue idee. Nella scena finale del film, Galileo abiura davanti al tribunale dell'inquisizione nel 1633 e dichiara il suo sostegno contro gli scienziati che portano avanti la teoria eliocentrica.

LE DONNE E LA FISICA

Molti scienziati dicono che le donne non sono interessate alla fisica, oppure che non sono portate al suo studio. È un pregiudizio, non a caso creato da scienziati maschi. **Non esiste infatti alcun fatto biologico perché le donne non debbano o non vogliano occuparsi di scienze e in particolare di fisica.** Ma ancora adesso, purtroppo, quando si vuole regalare un gioco o un libro che tratti di scienza si tende a pensare come destinatari i bambini e non le bambine.

È vero che fino al XX secolo ci sono state pochissime scienziate, ma per un motivo molto semplice: alle donne era proibito studiare, non solo le materie scientifiche, ma tutte le materie. E anche quando hanno potuto frequentare l'università, le facoltà scientifiche sono state molto restie ad accoglierle.

Eppure, i contributi dati dalle scienziate sono stati fondamentali, vediamone alcuni.

VERA RUBIN
(1928-2016)

Se oggi le parole "materia oscura" sono entrate nel nostro vocabolario, lo dobbiamo all'astronoma Vera Rubin, una pioniera nello studio della rotazione delle galassie. Nel 1974 Rubin stava studiando l'ammasso di galassie chiamato Chioma di Berenice quando si accorse che, alla velocità a cui ruotava, la galassia avrebbe dovuto spargere le parti in tutte le direzioni. Dato che non succedeva, era evidente che la galassia doveva contenere più materia di quella osservata, e dato che questa materia era invisibile ai mezzi di rilevazione, venne chiamata "materia oscura". Oggi si calcola che il 25% dell'universo sia composto di materia oscura, che stiamo ancora cercando di trovare.

IPÀZIA (SECONDA METÀ DEL IV SECOLO-415)

Ipàzia fu matematica, astronoma e filosofa nata e vissuta ad Alessandria d'Egitto nel III secolo d.C. Figlia d'arte, aveva tutti i titoli per succedere al padre Teone nell'insegnamento di queste discipline alle quali aveva già dato importanti contributi, quando scoppiarono dei tumulti in città per una lotta interna della comunità cristiana che deteneva il potere ad Alessandria. Ipàzia, che non era cristiana, venne accusata di parteggiare per una delle parti e quindi assassinata da alcuni fanatici. La sua memoria fu cancellata e bisognerà aspettare il XVIII secolo perché la sua figura venisse ristudiata. Oggi è considerata una delle prime scienziate della Storia.

AGORÀ (2009)

Diretto dal regista spagnolo Alejandro Amenábar, è la storia, un po' romanzata, di Ipàzia di Alessandria, qui interpretata da Rachel Weisz. È un film che ha però molte forzature storiche, soprattutto nella carriera scientifica della protagonista (che non ne aveva di certo bisogno): addirittura vediamo Ipàzia contestare l'ipotesi di Tolomeo che vede il Sole girare intorno alla Terra e, secoli prima di Copernico, Keplero e Galilei, arriva a formulare l'ipotesi eliocentrica con in più anche la dimostrazione che l'orbita compiuta dal nostro pianeta è ellittica.

Ma RIE Cu RIE

a fumetti, nei libri e sullo schermo

MARIE CURIE (1867-1934)

Marie Curie, vero nome Maria Salomea Skłodowska, **è l'unica persona che ha vinto il premio Nobel sia per la fisica sia per la chimica.** Venne mandata a studiare a Parigi dai genitori perché in Polonia non avrebbe potuto accedere all'università. Insieme al marito e collega Pierre Curie e ad Henri Bequerel scoprì gli elementi radioattivi (Nobel per la fisica nel 1903), poi da sola gli elementi radio e polonio (premio Nobel per la chimica nel 1911). Marie Curie costruì anche delle macchine per radiografie portatili, dette Le piccole Curie, che portava personalmente nelle trincee della Prima guerra mondiale per aiutare i dottori a curare i feriti. Sua figlia Irene ha vinto a sua volta il Nobel per la chimica nel 1935.

MARIE CURIE

La figura della grande scienziata è da qualche anno molto presente in libreria e al cinema.
C'è la biografia a fumetti scritta e disegnata da Alice Milani e pubblicata nel 2017 da Becco Giallo. Molto documentato e ben scritto e illustrato, questo graphic novel racconta la vita di Marie Curie mostrando la sua fatica nel conciliare, riuscendoci, la carriera scientifica con la volontà di avere una famiglia e dei figli, gli scontri con la mentalità conservatrice dell'epoca sia dei colleghi che la tenevano in disparte (uno dei pochi a esserle amico fu Einstein), sia della società che non le perdonò la relazione, lei già vedova, con il collega sposato Paul Ehrenfest.
La scrittrice spagnola Rosa Montero, invece, ha raccontato la perdita dell'amato marito intrecciandola con le pagine del diario della scienziata (in cui racconta il dolore per la morte del marito Pierre) nel romanzo autobiografico ***La ridicola idea di non vederti più*** pubblicato nel 2019 da Ponte alle Grazie.
Nel 2019 è uscito il film ***Radioactive***, diretto da Marjane Satrapi, dove la parte della scienziata è interpretata dall'attrice britannica Rosamunde Pike.

LE OLIMPIADI DELLA FISICA

Anche la fisica ha le sue gare.
Le Olimpiadi italiane della Fisica e i Giochi di Anacleto sono competizioni a carattere individuale, riservate agli studenti delle scuole secondarie superiori italiane. Possono partecipare tutti gli studenti inviando una richiesta, attraverso le loro scuole, alla segreteria delle Olimpiadi di Fisica: la partecipazione è indipendente dai risultati scolastici.

COME SI PARTECIPA?

La prima gara, detta gara di primo livello, è svolta nella propria scuola e consiste nel rispondere a delle domande, naturalmente di fisica. I cinque vincitori potranno prendere parte alla gara di secondo livello, o gara locale, stavolta a colpi di problemi di fisica, con le squadre di tutte le scuole del proprio territorio. In tutta Italia ci sono 49 sedi delle gare locali e in molte di esse si organizzano corsi di preparazione alla gara e speciali premiazioni per i vincitori territoriali.

LA FINALE ITALIANA...

I primi 100 studenti che primeggiano nella classifica generale partecipano alla gara nazionale di fisica, che tradizionalmente si tiene a Senigallia, dove affronteranno svariati problemi, di fisica naturalmente.

...E POI LE OLIMPIADI MONDIALI

Fra i vincitori della finale italiana verranno scelti i cinque membri che parteciperanno alla gara internazionale, la IPhO, la International Physics Olympiads. Per prepararsi a questa competizione, i cinque partecipano gratuitamente a un seminario della durata di cinque giorni organizzato a Trieste presso il Dipartimento di Fisica dell'Università e presso la Scuola Internazionale Superiore di Studi Avanzati.

IL PREMIO NOBEL

Ci sono molti premi per i fisici, il più ambito di tutti è il premio Nobel per la Fisica che viene assegnato verso i primi giorni di ottobre di ogni anno.

Questo premio è stato creato da **Alfred Nobel** nel 1895 insieme a quelli per la chimica, la pace, la medicina e la letteratura, e assegnato la prima volta nel 1901: il vincitore fu il fisico Wilhelm Röntgen per la scoperta dei raggi X. Solo tre donne hanno vinto il premio per la fisica: Marie Curie nel 1903, Maria Goeppert Mayer nel 1963 per il modello del nucleo atomico, e Donna Strickland per il laser nel 2018. Il premio consiste in una medaglia e un premio di 8 milioni di corone svedesi, quasi 1 milione di euro. Nobel aveva inventato la dinamite e, grazie ad essa, era diventato ricchissimo. Tormentato per le applicazioni belliche della sua invenzione, lasciò il 90% delle sue ricchezze all'organizzazione del premio: si calcola che il lascito ammontasse a 176 milioni di euro attuali.

IL PREMIO IG NOBEL

Il premio è assegnato annualmente a dieci ricercatori autori di ricerche «strane, divertenti, e perfino assurde», quel tipo di lavori improbabili che «prima fanno ridere e poi danno da pensare»: anche il nome riflette questo spirito, dato che è un gioco di parole tra "ignobile" e "Nobel". Come dicono i creatori del premio, si vuole «premiare l'insolito, l'immaginifico, e stimolare l'interesse del pubblico generale alla scienza, alla medicina, e alla tecnologia». I vincitori sono selezionati in base ad articoli pubblicati anche su vere riviste scientifiche autorevoli.

C'È CHI LI HA VINTI ENTRAMBI

Ad oggi solo una persona ha vinto sia il premio Ig Nobel sia il premio Nobel, ed è il russo Andrej Gejm: nel 2000 ha vinto l'Ig Nobel (insieme a sir Michael Berry) per aver fatto volare una rana con un campo magnetico, mentre nel 2010 ha vinto il Nobel per le sue ricerche sul grafene, materiale costituito da uno strato di atomi di carbonio resistente come il diamante e flessibile come la plastica. È usato in elettronica e nella costruzione di biciclette e racchette da tennis.

FRASI CELEBRI

«È più difficile disintegrare un pregiudizio che un atomo.»

«Dio non gioca a dadi con l'universo.»

Albert Einstein
(1879-1955)

«Einstein [...] sbagliò quando disse: "Dio non gioca a dadi". La considerazione dei buchi neri suggerisce infatti non solo che Dio gioca a dadi, ma che a volte ci confonde gettandoli dove non li si può vedere.»

Stephen Hawking
(1942-2018)

«Ci sono i fisici teorici che inventano, deducono, e tirano a indovinare le nuove leggi, ma non le sperimentano, e ci sono i fisici sperimentali che fanno gli esperimenti, inventano, deducono e tirano a indovinare.»

«Non abbiamo mai la certezza di essere nel giusto, possiamo essere sicuri solo di esserci sbagliati.»

Richard Feynman
(1918-1988)

LE UNITÀ DI MISURA

Quando facciamo un viaggio, misuriamo la distanza in chilometri e la sua durata in ore di viaggio. Il nostro peso lo definiamo in chilogrammi, mentre la temperatura dell'ambiente in gradi centigradi, e quando ci arriva la bolletta del gas o dell'acqua il consumo è misurato in metri cubi, mentre l'energia elettrica è in kilowattora, ossia tante migliaia di watt consumati ogni ora. Per descrivere tutti i fenomeni intorno a noi, come anche noi stessi, usiamo delle unità di misura. Ne esistono tante e per ogni scopo.

Le unità di misura nascono con la civiltà umana per rendere più efficienti le attività lavorative: quelle di lunghezza servivano a misurare la grandezza dei campi da coltivare o le distanze da percorrere, mentre quelle di peso erano necessarie ai commerci come alla costruzione di case e templi. Le prime unità si rifacevano agli elementi naturali, come per esempio il braccio, il passo o il piede. Nei secoli, ogni popolo ha inventato le proprie unità di misura che però variavano a seconda del luogo e del contesto sociale: un esempio classico è la misura della massa, che in Europa si misura in chilogrammi mentre inglesi e americani usano le libbre (1 libbra = 453,6 grammi). Alcune unità variavano anche a seconda dell'uso: per esempio, ci sono state unità per le lunghezze diverse per misurare la distanza fra due città, la grandezza di un campo agricolo o la lunghezza di una stoffa. Dalla Rivoluzione francese (1789) in poi si è cercato di trovare unità di misura uguali per tutti e che potessero essere misurate e verificate da chiunque. E così, il 26 marzo 1791, l'Assemblea nazionale francese definì il metro come la decimilionesima parte del quarto del meridiano terrestre (quello compreso fra il Polo Nord e l'equatore) che passava per Parigi e detto quindi "meridiano di Parigi".

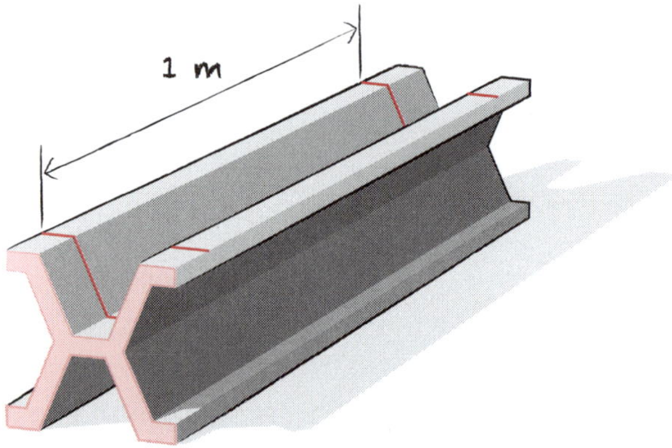

Otto anni dopo venne fuso il primo campione standard, ossia una sbarra che è stata il modello di comparazione per ricavare tutti i metri successivi. Questo campione era fatto di platino-iridio, ossia una lega che risente poco della dilatazione lineare dovuta al calore. Successivamente, la misura del metro campione si è basata su quella della lunghezza d'onda della radiazione di un atomo di krypton, un gas inerte che si trova in atmosfera.

IL SISTEMA INTERNAZIONALE DI UNITÀ DI MISURA

Il Sistema internazionale di unità di misura (abbreviato in S.I.) è il più utilizzato al mondo, eccezione fatta per i paesi anglosassoni e statunitensi. Dal 10 maggio 2019 tutte le unità dell'S.I. sono state definite in base alle principali costanti fisiche, come per esempio la velocità della luce, che descrivono la realtà: questa scelta è stata fatta per assicurare una loro maggiore precisione di misurazione e per basarsi su riferimenti immutabili. L'ufficio che si occupa delle misure è il Bureau International des Poids et Mesures, nel cui sito, in inglese e francese, potete trovare tutte le informazioni tecniche e storiche sui pesi e le misure: **https://www.bipm.org**. Le unità di misura si dividono in due grandi famiglie, quelle fondamentali e quelle derivate.

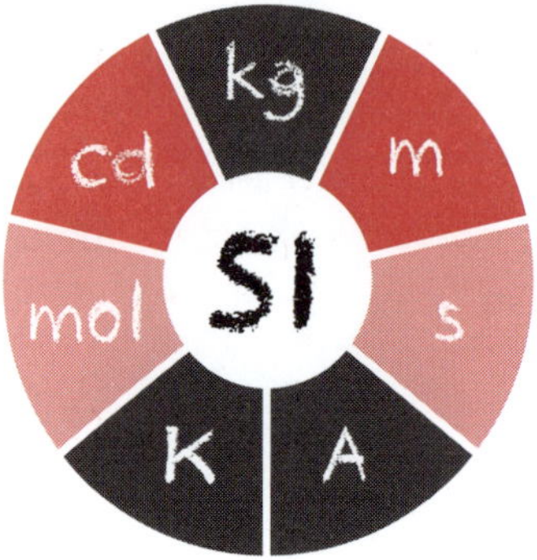

Unità di misura fondamentali

GRANDEZZA	NOME	SIMBOLO
temperatura assoluta	kelvin	K
quantità di sostanza	mole	mol
massa	chilogrammo	kg
lunghezza	metro	m
intervallo di tempo	secondo	s
intensità luminosa	candela	cd
intensità di corrente	ampere	A

Per la temperatura si è scelto il kelvin (K) perché si rifà a due fenomeni oggettivi: il punto triplo dell'acqua, ossia quando l'acqua esiste contemporaneamente nelle sue tre forme (solida, liquida e gassosa) e lo zero assoluto. Invece i gradi centigradi (°C) si rifanno al punto di fusione del ghiaccio e a quello di ebollizione dell'acqua che possono variare a seconda delle condizioni ambientali. Per passare da gradi centigradi a gradi kelvin si usa la formula: T(K) = T(°C) + 273,15.

I fisici hanno una vera passione per le unità di misura dell'energia al punto che ne hanno create ben 8: l'unità del S.I. è il joule (J), dal fisico inglese James Prescott Joule, ma esistono anche la caloria (pari a 4,186 J, ben nota a chi cerca di evitare le diete), l'elettronvolt, il watt per secondo, il newton per metro, il pascal per metro cubo, il wattora e, infine, l'erg.

I NOMI DELLE UNITÀ DI MISURA SI SCRIVONO SEMPRE IN MINUSCOLO, I SIMBOLI, INVECE, VANNO CON L'INIZIALE MAIUSCOLA QUANDO DERIVANO DAL NOME PROPRIO DI UNA PERSONA.
Quindi, per esempio, si scrive newton (simbolo N), pascal (simbolo Pa) e metro (simbolo m).

vettori

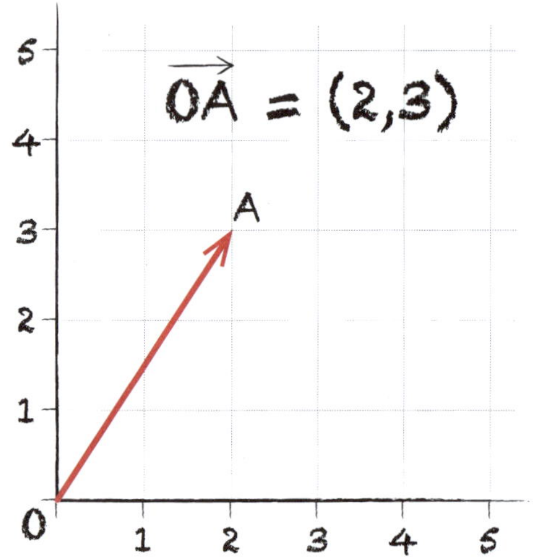

Quando giochiamo a battaglia navale usiamo due numeri per identificare la posizione di un oggetto sulla carta. Il numero sull'asse verticale si chiama **ordinata** (indicata con la lettera y) e quello sull'asse orizzontale si chiama **ascissa** (indicata con la lettera x). Questo sistema di coordinate è detto **cartesiano** perché inventato dal francese **René Descartes** (1569-1650), meglio noto come Renato Cartesio, nel 1637 partendo dagli studi di Nicola d'Oresme, e anche da Pierre de Fermat che però non pubblicò la sua scoperta, lasciando la gloria al collega Descartes.

I due assi sono due rette perpendicolari, ossia formano un angolo di 90°. Il punto di incontro si chiama **origine**. Le due rette sono orientate, ossia vi è definito un verso crescente, e sono suddivise in parti uguali da un'unità di misura, scelta arbitrariamente. Con questi due assi possiamo identificare ogni punto del piano con una coppia di numeri (x, y).

La freccia che unisce l'origine con il punto A è detta **vettore**, e ha una lunghezza, una direzione e un verso. I vettori sono usati per definire grandezze che variano nel tempo e nello spazio, come per esempio la velocità e l'accelerazione, e si indicano con una freccetta sopra il simbolo: per esempio la velocità è $\vec{v}$.

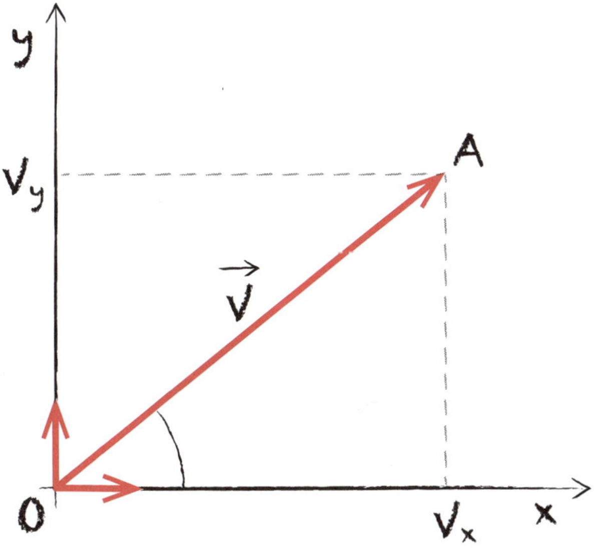

La sua lunghezza (D) è calcolata con il teorema di Pitagora:

$$D = \sqrt{x^2 + y^2}$$

Il mondo in cui viviamo è però tridimensionale, quindi è necessario usare un terzo asse, chiamato z, e per identificare ogni punto sono necessarie tre coordinate che indichiamo così (x, y, z). In questo caso, la lunghezza si calcola così:

$$D = \sqrt{x^2 + y^2 + z^2}$$

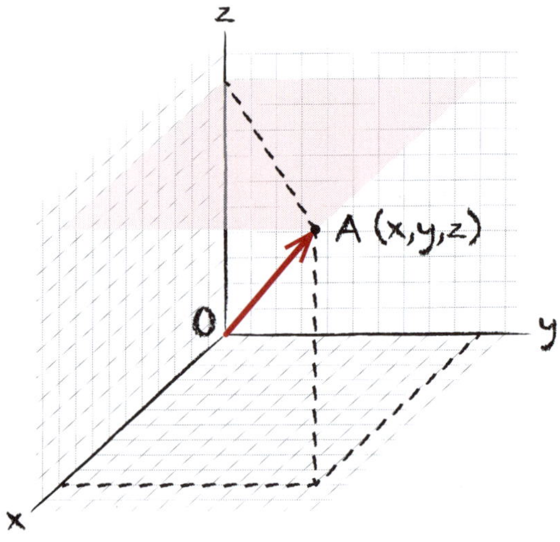

La matematica dei vettori è fondamentale in fisica, ma può diventare molto complessa e quindi non la useremo in questo volume.

IN PRATICA

LA VELOCITÀ DEL SUONO/1

Sandro e Anna stanno passeggiando all'aperto quando vedono un lampo seguito, qualche secondo dopo, da un tuono. Sandro si domanda a che distanza sia caduto il lampo e Anna gli risponde: «A circa un chilometro da qui». Come ha fatto Anna a calcolare la distanza?

Anna conosce la velocità del suono nell'aria, che è di circa 330 metri al secondo. Quindi ha contato quanti secondi sono passati dalla visione del lampo al rumore del tuono e poi ha moltiplicato questo valore per 330: se i secondi passati sono 3, ecco che il punto in cui lampo è caduto si trova a circa un chilometro dai due ragazzi.

LA VELOCITÀ DEL SUONO/2

Nel Vecchio West, la banda del bandito Jesse James è vicina ai binari della ferrovia in attesa del treno da rapinare, ma i criminali non sono sicuri della distanza a cui si trova il convoglio.

Matthew scende da cavallo, appoggia l'orecchio al binario e, dopo due secondi, sente il rumore del treno che si avvicina e dice agli altri che il treno è ancora a circa 10 chilometri di distanza da loro e quindi hanno ancora tempo per prepararsi. Come ha fatto a saperlo?

Il suono viaggia nei solidi a una velocità molto maggiore che nell'aria perché, dato che si propaga attraverso la materia, più la materia è solida, più veloce corre. Nel ferro, che è l'elemento che compone i binari, il suono viaggia a circa 5 chilometri al secondo, quindi se ci ha messo 2 secondi ad attraversare lo spazio tra il treno e il punto in cui Matthew ha appoggiato l'orecchio, basta moltiplicare 5 per 2 per trovare la sua distanza.

LA VELOCITÀ DEL SUONO/3

Giusy e Daniele stanno vedendo un film ambientato nello spazio. A un certo punto nello schermo si vede un meteorite che colpisce un satellite e si sente un gran rumore. Giusy dice che non è possibile, Daniele sì. Chi ha ragione?

Ha ragione Giusy: nello spazio non c'è materia quindi le onde sonore non si possono propagare. Quindi quando nei film, per esempio quelli della saga di Guerre Stellari, sentiamo i rumori delle astronavi nello spazio, in realtà stiamo ascoltando degli "effetti speciali".

I GRECI E LA FISICA

Non è un caso che la parola fisica nasca in greco e poi sia passata a Roma: l'hanno inventata loro, i Greci.

I primi studi sulla natura iniziarono nel IV secolo a.C. quando i primi filosofi si accorsero che fenomeni diversi avevano delle somiglianze di base tra loro: fu così che si cominciò a pensare a dei principi unificatori della materia. Per primi furono presi gli elementi naturali come l'acqua, l'aria e il fuoco, poi **Democrito di Abdera** (tra il 470 e il 457 a.C. - forse tra il 360 e il 350 a.C.). formulò il primo concetto di atomi, parola che in greco significa «indivisibili», per identificare i componenti più piccoli della materia.

Aristarco di Samo (310 circa-250 a.C.), invece, fu il primo che propose un modello eliocentrico dell'Universo, quindi con il Sole al centro e la Terra e gli altri pianeti che gli ruotavano intorno. La sua idea non venne però accettata per secoli, perché presupponeva distanze fra la Terra e le stelle troppo grandi per apparire, a quel tempo, veritiere.

I GRECI E LA FISICA

Ipparco di Nicea (circa 190-120 a.C.) arrivò a determinare alcune caratteristiche del moto della Terra, come la precessione degli equinozi, ma sempre in una visione geocentrica del sistema solare.

Suo allievo fu **Claudio Tolomeo** (100-170 d.C. circa), che raccontò tutte le osservazioni astronomiche condotte fino a quel momento nel suo libro l'*Almagesto*. Il sistema geocentrico, o tolemaico, venne poi adottato anche dalla Chiesa cristiana e non fu messo in discussione fino alle scoperte di Copernico, Keplero e Galileo.

ARISTOTELE (384 O 383-322 A.C.)

Nato a Stagira e morto a Calcide, è uno dei massimi filosofi e scienziati dell'antichità e di tutti i tempi. **Allievo del filosofo Platone**, ha lasciato molte opere che spaziano dalla politica all'etica, passando per la poesia e il teatro (nel romanzo ***Il nome della rosa*** di Umberto Eco, il tesoro da cercare è un libro introvabile di Aristotele sulla commedia). Nella *Fisica* ha descritto i quattro elementi dalla cui combinazione si ottengono tutti i fenomeni dell'universo: acqua, aria, terra e fuoco. Era convinto che l'universo fosse finito e composto degli stessi elementi che avevamo nel nostro pianeta. Nella sua visione, la Terra era al centro dell'universo e i pianeti intorno si muovevano con orbite circolari: la più lontana era quella delle stelle fisse, ossia le stelle del cielo che a lui parevano immobili.

È considerato anche uno dei primi biologi per l'accuratezza con cui ha descritto le forme viventi, con schemi concettuali che sono stati usati per molti secoli.

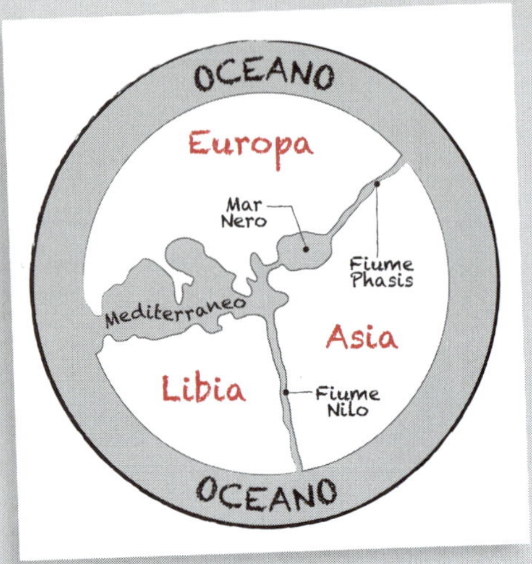

ANASSIMANDRO (610-547 A.C.)

Nato, e morto, a Mileto è il primo filosofo e scienziato a sostenere che la Terra galleggiasse immobile nello spazio, senza cadere e senza essere appoggiata a nulla. Per altri filosofi, come per esempio Talete, la Terra era un disco piatto che si appoggiava sull'acqua (o altro elemento a scelta). Ad Anassimandro si attribuisce una prima formulazione dell'ipotesi dell'origine dell'uomo da animali inferiori, molto in anticipo sulle teorie evolutive di Darwin. Fu anche il primo cartografo, avendo realizzato uno dei primi planisferi del mondo fino ad allora conosciuto.

ARCHIMEDE (287-212 A.C.)

Il più grande inventore del mondo antico è certamente Archimede, vissuto a Siracusa. Allievo di Euclide, il fondatore della geometria che usiamo ancora oggi, aveva studiato ad Alessandria d'Egitto. Rientrato a Siracusa, si è dedicato sia allo studio della matematica, sia a quello della fisica e alla creazione di strumenti che ne sfruttavano i principi. Tra questi ci sono i famosi specchi ustori, ossia specchi di bronzo giganteschi che riuscivano a incendiare le navi; il planetario, che permetteva di calcolare il moto del Sole, della Luna e delle stelle; un orologio ad acqua per calcolare il tempo; la coclea, uno strumento per pompare acqua fuori dalla stiva delle navi e mantenerle asciutte. Sfortunatamente, Archimede morì durante l'assedio con cui i Romani presero Siracusa. Leggenda vuole che l'ordine per i soldati fosse di lasciarlo vivere, dato che le sue invenzioni avrebbero potuto servire la repubblica, ma che purtroppo non fu riconosciuto e venne quindi ucciso.

Archimede ha dato il suo nome al personaggio che inventa tutti gli oggetti del mondo Disney: Archimede Pitagorico.

Il principio di Archimede

Perché le navi galleggiano? La risposta l'ha data Archimede nel III secolo a.C.: quando un corpo è immerso in un liquido, riceve una spinta dal basso verso l'alto pari al peso del liquido spostato. Questa spinta, detta anche **spinta di Archimede**, dipende dall'acqua spostata dal corpo immerso, ossia dal volume immerso (non quello totale) del corpo: più è il volume immerso, più spinta riceve il corpo.
Infatti, al mare galleggiamo facendo "il morto" e non stando dritti.
Per calcolare se un corpo galleggia, affonda o rimane in equilibrio in acqua basta confrontare le densità del corpo e quella del fluido in cui lo immergiamo. Vediamo come funziona.

Abbiamo detto che un corpo immerso in un fluido è in equilibrio se è sorretto da una spinta del fluido pari al suo peso (p). Questa situazione si indica così:

$$\mathbf{p}_{\text{corpo}} = \mathbf{p}_{\text{acqua}}$$

Se sostituiamo ai due pesi il prodotto delle rispettive densità (d) per il volume, abbiamo:

$$\mathbf{d}_{\text{corpo x volume}} = \mathbf{d}_{\text{fluido x volume}}$$

Il volume del corpo è uguale a quello dell'acqua spostata, quindi possiamo semplificare l'equazione togliendoli. Rimane così la comparazione tra la densità del corpo e quella del fluido.

Abbiamo così queste tre situazioni.

[1]

La spinta che il corpo riceve è minore del peso corpo: il corpo affonda.

$$\mathbf{d}_{\text{corpo}} > \mathbf{d}_{\text{fluido}}$$

[2]

La spinta che il corpo riceve è uguale al peso del corpo: il corpo rimane in equilibrio nel fluido.

$$\mathbf{d_{corpo} = d_{fluido}}$$

[3]

La spinta che il corpo riceve è maggiore del peso del corpo: il corpo galleggia.

$$\mathbf{d_{corpo} < d_{fluido}}$$

I corpi che galleggiano hanno una densità minore del fluido in cui sono immersi. Le grandi navi di ferro sono per la maggior parte vuote e molto larghe, quindi spostano un gran volume d'acqua e hanno una densità minore dell'acqua: per questo galleggiano. Comparando le spinte diverse ricevute da corpi diversi immersi nello stesso fluido, possiamo ricavare le loro densità: questo principio è alla base di uno strumento che si chiama **bilancia idrostatica** e che è stato inventato, pensate un po', proprio da Archimede.

Perché il ghiaccio galleggia?

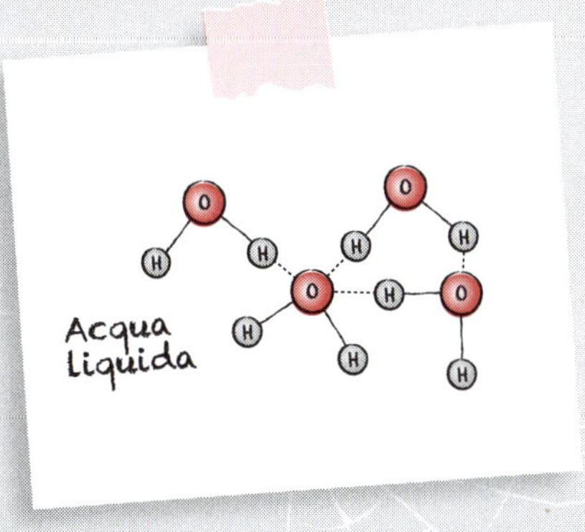

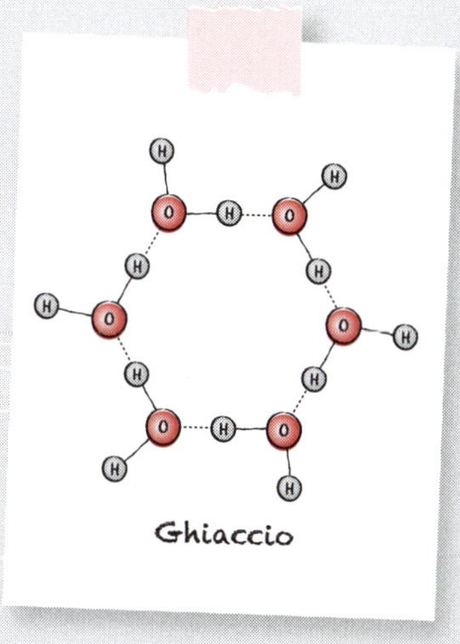

Il ghiaccio galleggia perché l'acqua ha un comportamento particolare quando passa dallo stato liquido a quello solido: aumenta di volume. Questo accade perché quando sono allo stato solido le molecole di acqua si dispongono in una formazione molto ordinata che occupa però più spazio.

Il ghiaccio ha una densità che è circa dell'8% inferiore a quella dell'acqua liquida: per questo galleggia quando mettiamo un cubetto in un bicchiere. Questo galleggiamento è fondamentale per il clima della Terra perché il ghiaccio in superficie impedisce che l'acqua sottostante congeli tutta, permettendo così la vita degli animali e delle piante acquatiche come le foche e le orche che si muovono sotto i ghiacci del Polo Nord.

CHE SUCCEDE SE SI SCIOGLIE IL POLO NORD?

Se si scioglie il ghiaccio del Polo Nord il mare non aumenta di livello: essendo questo ghiaccio già in acqua, il suo scioglimento colma lo stesso volume che occupava da solido. Potete vederlo con un cubetto di ghiaccio nel bicchiere: quando si scioglie l'acqua non trabocca. Se invece si dovesse sciogliere il ghiaccio della Groenlandia sarebbe un problema: quest'acqua si aggiungerebbe a quella già presente e quindi il livello del mare aumenterebbe di circa 7 metri.

Le leve

Una macchina semplice è una macchina che non è possibile scomporre in altre più semplici. Esempi sono la vite, il piano inclinato e la grande famiglia delle leve.
La leva è una macchina semplice che permette di sollevare grandi pesi usando poca forza perché "moltiplica" la poca forza applicata. Sono leve la forbice, l'altalena, lo schiaccianoci, la carriola. Vediamo come funzionano.

COME È FATTA UNA LEVA

Possiamo immaginare la leva come una sbarra rigida dotata di un punto fisso, detto **fulcro**. Il peso da sollevare si chiama **resistenza o forza resistente** (F_r), quello da applicare per sollevarlo si chiama **potenza o forza motrice** (F_m). La resistenza e la potenza si trovano ai due lati della sbarra, mentre il fulcro è in mezzo tra i due.
La distanza tra fulcro e resistenza si chiama **braccio resistente** (r_r), quella tra fulcro e potenza è il **braccio potente** (r_m).

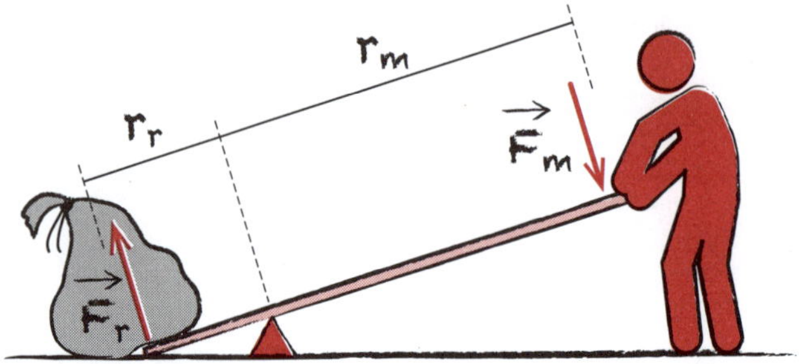

I TIPI DI LEVE

Ci sono 3 tipi di leva a seconda della lunghezza dei bracci resistente e potente: vantaggiose, svantaggiose o indifferenti.

[1] **Vantaggiose**

Il braccio potente è più lungo di quello resistente: basta poca forza potente per sollevare una grossa resistenza. Due esempi sono lo schiaccianoci e la vanga.

Svantaggiose [2]

Il braccio potente è più corto di quello resistente: serve una potenza più grande della resistenza da sollevare. Un esempio sono le pinzette.

[3] **Indifferenti**

I bracci potente e resistente sono uguali: per sollevare una certa forza resistente ne serve un'uguale potente. Un esempio sono le forbici.

Tipologie di leve

Nel nostro corpo sono presenti molte leve. Quando solleviamo un peso, per esempio, i muscoli e le ossa lavorano usando gli stessi principi delle leve: le articolazioni sono il fulcro, i muscoli e le ossa la forza motrice, mentre il peso da sollevare è la forza resistente. Tutte le leve, e quindi anche quelle del nostro corpo, si dividono in tre categorie, dette **generi**, a seconda della posizione tra forza resistente, forza motrice e fulcro.

LEVE DI PRIMO GENERE

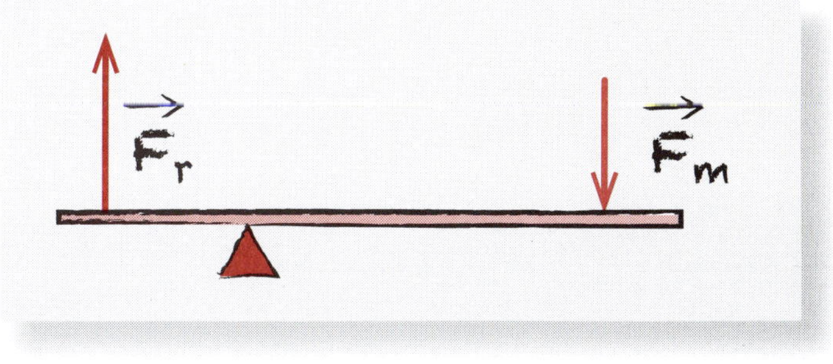

Sono quelle con il fulcro tra le due forze e possono essere vantaggiose, svantaggiose o indifferenti (*vedi* p. a fianco). Una leva di primo genere si trova alla **base del collo** (fulcro), dove la testa è la forza resistente mentre i muscoli delle spalle e della colonna vertebrale sono la forza motrice che permette i movimenti, come quelli per dire sì oppure no con la testa.

LEVE DI SECONDO GENERE

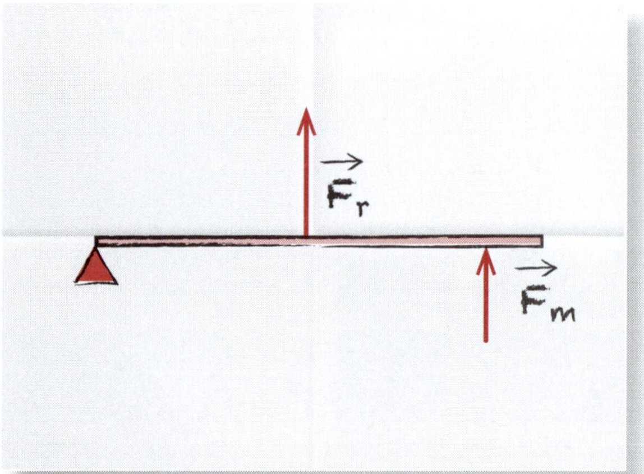

Sono quelle in cui la forza resistente è posta tra il fulcro e la forza motrice e quindi sono sempre vantaggiose. Il **sollevamento del tallone** appartiene a questo genere: il fulcro è sulla punta del piede la forza resistente sul collo del piede, la forza motrice nei muscoli attaccati al tallone.

LEVE DI TERZO GENERE

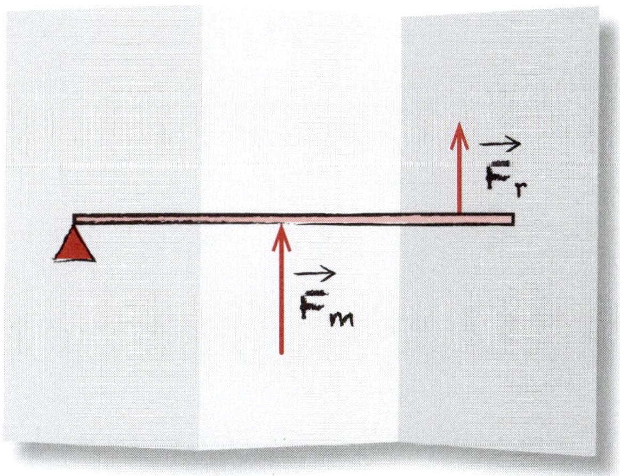

Sono quelle in cui la forza motrice è posta tra il fulcro e la forza resistente, e quindi sono sempre svantaggiose. Il **braccio umano** è una leva di questo tipo: il fulcro è il gomito, la forza motrice è nel bicipite, quella resistente nella mano. Per questo quando sosteniamo un peso ci stanchiamo.

LEVE LEGGENDARIE

Archimede: datemi una leva e solleverò il mondo

Le leggi delle leve furono studiate da Archimede di Siracusa, scienziato greco vissuto nel III secolo a.C. La leggenda vuole che, una volta finita la dimostrazione di come funzionava una leva di primo tipo, Archimede abbia esclamato: «Datemi un fulcro, e io vi solleverò il mondo!». Visto che il peso della Terra è quasi 6 x 10^{24} kg, forse il fulcro si trova fuori dal sistema solare...

La leva per sollevare le navi

Un'altra leva (si dice) inventata da Archimede è il leggendario **artiglio**, detto anche "mano di ferro", usato durante l'assedio di Siracusa da parte dei Romani nel 212 a.C. durante la Seconda guerra punica con la città di Cartagine. Roma attaccò la città siciliana, all'epoca alleata dei Cartaginesi, con una flotta composta da 120 navi, molte delle quali furono affondate grazie, secondo gli storici romani dell'epoca, alle invenzioni di Archimede. Tra questi, c'è anche l'artiglio, una non ben specificata macchina che sollevava e rovesciava le navi nemiche. L'artiglio era probabilmente una gru gigantesca dotata di un enorme gancio che, grazie al principio della leva, moltiplicava le forze di chi lo usava al punto da riuscire a sollevare una nave piena di soldati.

Il piano inclinato

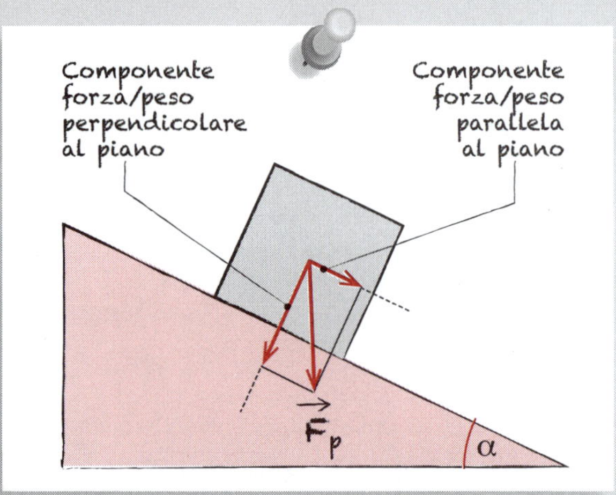

Per sollevare un grosso peso spesso si usa un piano inclinato. Ma andiamo con ordine.

Il piano inclinato è un blocco che ha un certo angolo rispetto al piano orizzontale. Quando un corpo si trova sul piano inclinato il suo peso lo fa rotolare a terra. Se proviamo a fermarlo, però, notiamo che serve meno forza rispetto a quella necessaria a spingerlo quando è a terra. Come mai? Forse il piano moltiplica le nostre forze? In realtà divide le forze, ma quelle del peso del corpo. Vediamo come.

Quando poniamo un peso sul piano inclinato, la sua forza peso (F_p) viene divisa in due componenti: una perpendicolare al piano, l'altra parallela al piano. La prima viene equilibrata dal piano, la seconda è quella che fa rotolare il peso verso terra. Questa componente è la forza che dobbiamo equilibrare per non far rotolare il peso: poiché è più piccola del peso totale, possiamo farcela con poca forza.

LA CARRIOLA

È una macchina semplice molto usata perché permette di portare grandi pesi con poco sforzo.

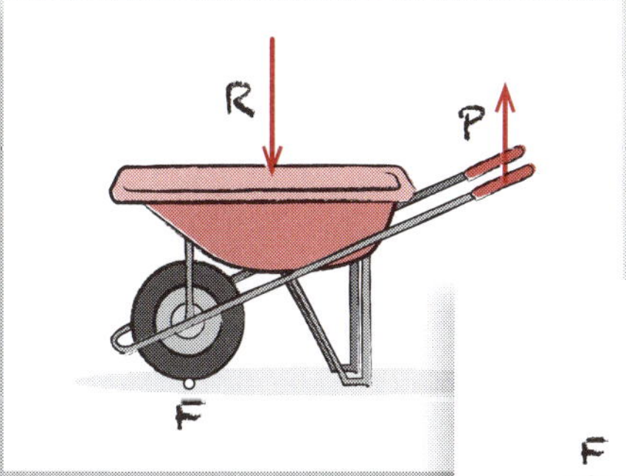

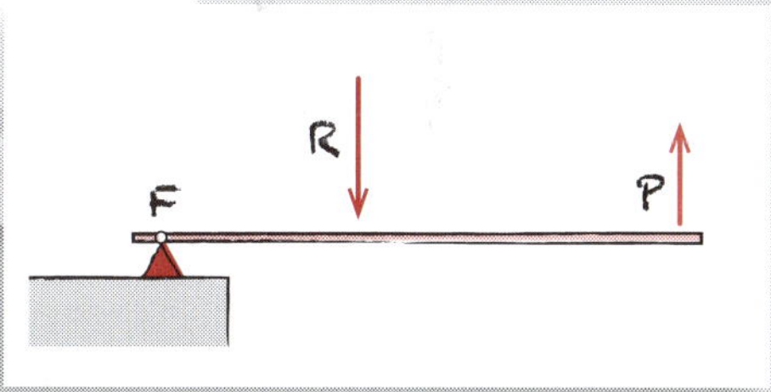

Come potete vedere nello schema qui sopra, il fulcro F è sempre vicino alla forza resistente R (il carico) mentre la potenza (P) è sempre lontana. Quindi, la carriola è una leva sempre vantaggiosa.

IN PRATICA

Perché i quadri si spostano? Quando appendiamo un quadro con una cordicella a un chiodo è facile che prima o poi si sposti e resti storto. Chi è stato? E se non è stato nessuno, come è successo?

Se attacchiamo il quadro con una corda corta, il quadro si muoverà comunque a causa del suo peso. Questo accade perché con una corda corta, l'angolo formato dalle corde è più grande di quello formato dalle due diagonali del quadro: di conseguenza, la componente della forza di trazione del filo che si oppone al peso del quadro è corta, e quindi la forza peso tende verso il baso. L'inclinazione del quadro dipende dalla diversa lunghezza delle due cordicelle (basta una minima differenza di pochi millimetri). Per evitare che il quadro si inclini bisogna usare delle corde molto lunghe in modo che l'angolo formato tra loro sia più piccolo di quello tra le diagonali del quadro. In questo modo la forza peso viene equilibrata e il quadro non si muoverà più.

Nota: poiché le corde lunghe sono spesso bruttine, ecco che conviene attaccare il quadro con dei chiodi infilati dietro la cornice.

Perché i sacchetti di plastica si allungano e si assottigliano fino a rompersi?

Ovviamente perché li abbiamo riempiti con troppi pesi, ma questa è la risposta facile: vale per qualunque contenitore. Immaginiamo che al posto del sacchetto abbiamo una molla a cui appendiamo il peso: la molla si allunga finché arriva al punto in cui si ferma. La plastica funziona come una molla, ma solo fino a certo punto, e da quel punto entrano in gioco le caratteristiche delle molecole che formano il sacchetto. Queste molecole sono lunghe e aggrovigliate tra loro e, quando sono sotto sforzo, tendono a strecciarsi. Quando strecciamo due fili, la loro lunghezza è sempre maggiore del filo intrecciato. Lo stesso accade per le molecole del sacchetto, per questo si allungano e tendono ad assottigliarsi perpendicolarmente rispetto alla direzione in cui le fa scendere il carico. Il risultato è che il sacchetto prima si allunga, poi si assottiglia e, infine, si rompe.

Orientarsi con il cielo

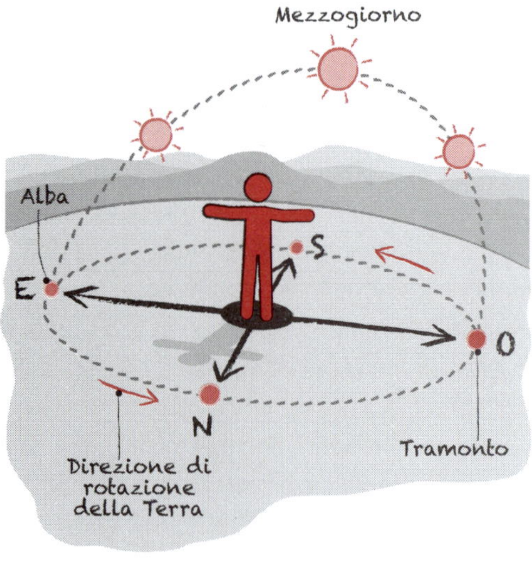

Fin dai tempi più antichi, l'uomo ha alzato lo sguardo al cielo. No, all'inizio non era per capire se siamo soli nell'universo, ma molto più semplicemente per misurare il tempo e orientarsi. Perché l'astronomia, ossia la parte della fisica che si occupa delle stelle, è nata per uno scopo pratico: capire come funziona il mondo per sopravvivere. Gli esseri umani non hanno muscoli o denti forti, come le tigri, e neppure la forza di un elefante.

Hanno invece un grosso cervello, e lo usano. Ecco allora che attraverso le diverse posizioni del Sole riusciamo a capire se è mattina, pomeriggio o sera. Usiamo il Sole anche per orientarci e trovare la strada per tornare a casa: nell'emisfero boreale o settentrionale, sappiamo che se, a mezzogiorno, osserviamo il Sole allora abbiamo il nord alle spalle. Dove nasce il Sole c'è l'est, o Levante, mentre dove tramonta c'è l'ovest, o Ponente.

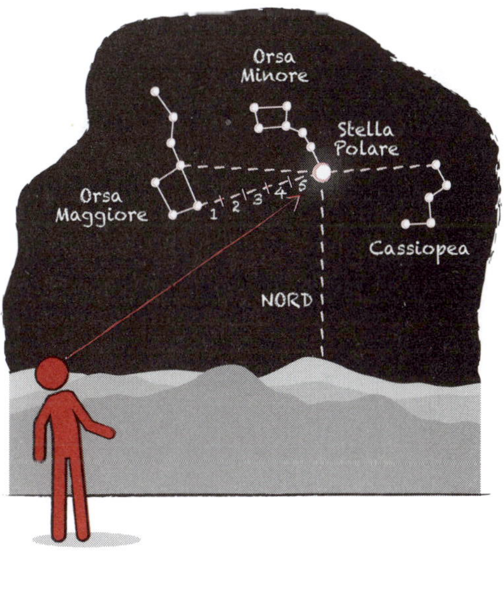

Di notte possiamo usare le stelle per orientarci: basta cercare la Stella polare che indica il nord. Se invece ci trovassimo nell'emisfero australe, o meridionale, dovremmo cercare la Croce del Sud che indica, appunto, il sud.

L'ASTRONOMIA NON È L'ASTROLOGIA!

Tutti i periodici, o quasi tutti, hanno l'oroscopo del giorno, del mese o anche dell'anno, ma questa non è "un'invenzione" recente. Da sempre gli esseri umani hanno cercato di prevedere il futuro e di trovare le risposte alle domande essenziali della vita nei segni che credevano di vedere nella natura. Niente di più facile allora che identificare gli astri del cielo con intelligenze divine, oppure attribuire alla posizione delle stelle e dei pianeti il potere di influenzare il destino dell'uomo. Questa pratica è chiamata astrologia, chi la tratta si chiama astrologo e la sua divinazione è chiamata, appunto, oroscopo. Per secoli l'astrologia è andata a braccetto con la scienza dell'astronomia, tanto che anche Galileo Galilei, per soldi, aveva scritto degli oroscopi. Ma è proprio la rivoluzione scientifica nata con lo stesso Galilei che segna l'astrologia coma una pseudoscienza, dato che, come si è scoperto quasi subito, il reale movimento degli astri è del tutto diverso da quello descritto nei testi astrologici, e l'influenza degli astri sugli eventi naturali o le vicende umane è meno di zero.

Quindi attenzione: **l'astronomia è una scienza, l'astrologia NO.**

Il CICAP, il Comitato italiano per controllo delle affermazioni sul paranormale, che si occupa di smascherare le pseudoscienze e le truffe ad esse legate, raccoglie ed esamina le previsioni fatte dagli astrologi sull'anno trascorso rilevando che «quando le previsioni sono vaghe e generiche, tali che chiunque le potrebbe fare, gli astrologi tendono a indovinare. Quando invece si fanno più precise, l'errore è pressoché costante».

CLAUDIO TOLOMEO (II SECOLO D.C.)

Per secoli gli esseri umani hanno pensato che la Terra fosse ferma e il Sole, gli altri pianeti e le stelle le girassero intorno. Dopotutto era ciò che vedevano, e che vediamo anche oggi. Questo sistema dell'universo è chiamato **geocentrico**, parola che in greco significa che «la Terra (Gea) è posta al centro». Partendo da questo punto di vista si sono calcolate le posizioni sia del Sole sia delle stelle per potersi orientare di giorno e di notte e viaggiare per il mondo. Calcolare queste posizioni non era facile, soprattutto con la tecnologia del passato. Chi c'è riuscito bene è stato Claudio Tolomeo, un astronomo vissuto nel II secolo d.C. ad Alessandria d'Egitto.

Tolomeo descrisse questo sistema in un trattato oggi perduto e che era composto da tredici volumi che raccoglievano tutte le conoscenze astronomiche dell'epoca e degli astronomi che lo hanno preceduto. Ai giorni nostri è invece arrivata la versione araba di questo trattato, poi tradotta in latino, che venne chiamata *Almagesto*, termine arabo che significa «grandissimo», da cui deriva il nome con cui oggi è noto: *Almagesto*. In questo testo sono descritti anche i modi per determinare la posizione dei corpi celesti, calcoli che sono stati usati per secoli, fino a quando l'epoca delle esplorazioni geografiche non ha reso necessario avere dati più precisi, e quando le scoperte astronomiche di Copernico, Galileo e Keplero dimostrarono che era la Terra, con gli altri pianeti, a girare intorno al Sole.

Il sistema geocentrico

Vediamo com'è fatto il sistema geocentrico. Il cosmo era suddiviso in una serie di sfere concentriche al cui centro c'era la sfera centrale occupata dalla Terra e dalla sua atmosfera. Da notare che, pur essendo al centro, la Terra era considerata l'unica parte imperfetta perché i moti degli oggetti vi avvenivano in linea retta.

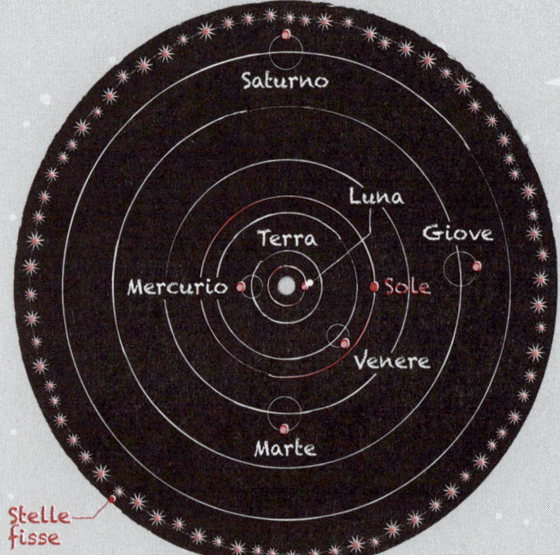

NELLA DIVINA COMMEDIA

Durante il Medioevo il sistema tolemaico, o geocentrico, venne adottato dalla Chiesa cristiana e descritto anche da Dante Alighieri nella Divina Commedia.

Al di sopra della sfera della Terra ve ne erano altre otto composte di un elemento particolare chiamato etere e che corrispondevano a sei pianeti (Luna, Mercurio, Venere, Marte, Giove e Saturno) e al Sole, mentre l'ultima era la sede del Firmamento, ossia delle stelle che vediamo di notte e che erano considerate fisse e immutabili. Ogni oggetto celeste era bloccato nella propria sfera e ne condivideva il moto circolare attorno alla Terra perché il cerchio era considerato la forma perfetta. Ma i moti dei pianeti sono irregolari e quindi Tolomeo dovette costruire un complicato sistema di sfere per giustificare tali irregolarità.

CON TOLOMEO ALLA SCOPERTA DELL'AMERICA?

Tolomeo si interessò anche di geografia. Nel suo trattato ***Introduzione geografica*** descrive due diversi modi per rappresentare la Terra e anche istruzioni per costruire la carta del mondo allora conosciuto, che era poco più di un quarto del globo terrestre.
Nel libro ***L'America dimenticata. I rapporti tra le civiltà e un errore di Tolomeo***, il fisico e storico della scienza Lucio Russo analizza i calcoli di Tolomeo e arriva alla conclusione che il noto cartografo aveva descritto un globo terrestre più piccolo di quanto si pensasse all'epoca. Dai calcoli di Russo si può dedurre che il mondo "non finiva" alle Colonne d'Ercole, ossia allo stretto di Gibilterra che mette in comunicazione il mar Mediterraneo con l'oceano Atlantico, ma che arrivasse fino

alle cosiddette Isole Fortunate, che si troverebbero nelle Piccole Antille nel golfo del Messico, e non alle Canarie come pensava Tolomeo. Quindi, continua Russo, gli antichi Greci avevano già "scoperto l'America" molto prima di Cristoforo Colombo, e i primi a porvi piede erano stati i Cartaginesi. Quando i Romani distrussero Cartagine, cancellarono anche molte di queste conoscenze. Eppure, conclude Russo, come si spiega che nel mosaico del Museo del Palazzo Massimo alle Terme di Roma e realizzato nel I secolo d.C. è raffigurato un ananas, frutto tipico dell'America centrale? Quella di Russo è un'ipotesi molto affascinante che meriterebbe di essere approfondita per essere dimostrata, oppure confutata.

NICCOLÒ COPERNICO

NICCOLÒ COPERNICO (1473-1543)

Chi fece crollare il sistema geocentrico fu lo scienziato polacco Niccolò Copernico. Studioso di medicina, scienze, diritto e matematica, Copernico non amava tanto osservare le stelle quanto calcolare i loro movimenti sulla carta. Fu grazie ai suoi calcoli che scoprì che il sistema geocentrico era solo un'illusione: **non era il Sole che girava intorno alla Terra, ma viceversa**. Da vescovo, Copernico si rese conto che i suoi risultati andavano contro la Chiesa, e fece pubblicare le sue scoperte solo dopo la sua morte in un libro chiamato *De revolutionibus orbium coelestium* (Sui moti di rivoluzione dei corpi celesti), che gettò le basi per i futuri sviluppi dell'astronomia. Nel 1999 l'UNESCO ha inserito il *De revolutionibus orbium coelestium* nell'Elenco delle Memorie del mondo.

Fu sepolto nella cattedrale di Frauenburg nel 1543, in un punto per secoli non più identificabile. Nel 2005 alcuni archeologi polacchi iniziarono delle ricerche al di sotto del pavimento della cattedrale, rinvenendo infine una sepoltura. La salma dell'astronomo venne identificata tre anni dopo grazie al DNA dei suoi capelli ritrovati in alcuni suoi libri. Il 22 maggio 2010 Copernico fu sepolto nella stessa cattedrale (il comune, nel frattempo ha cambiato nome in Frombork) con una lapide in granito nero con sopra una rappresentazione del modello copernicano del sistema solare e che lo definisce il fondatore della teoria eliocentrica.

Il sistema eliocentrico

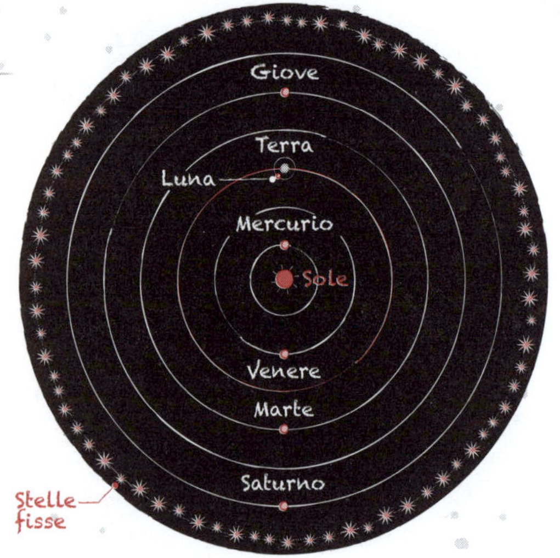

Nel modello copernicano i pianeti orbitano attorno al Sole, al centro del sistema solare, seguendo orbite circolari. I pianeti allora conosciuti non erano tutti quelli che oggi fanno parte del Sistema solare ma solo Mercurio, Venere, la Terra, Marte, Giove, Saturno e la Luna, che orbita attorno alla Terra.

La scelta di far coincidere l'origine del sistema di riferimento con la Terra è la più naturale e spontanea, ma così la descrizione del moto dei pianeti e del Sole attorno alla Terra diventa molto complicata; con il suo sistema eliocentrico, invece, Copernico risolve gran parte dei problemi che Tolomeo non era riuscito a spiegare.

FACCIAMO FINTA CHE LA TERRA SIA IMMOBILE

Dal punto di vista puramente matematico, la scelta del sistema di riferimento è del tutto arbitraria e quindi è possibile descrivere il moto dei pianeti anche ponendo la Terra al centro dell'universo. Infatti per secoli ci si è orientati "facendo finta" che la Terra fosse immobile rispetto alle stelle, per esempio utilizzando il sestante, uno strumento usato dai marinai per calcolare la propria posizione misurando l'angolo di un oggetto celeste sopra l'orizzonte. Se immaginiamo la Terra ferma, allora il Sole (o una stella) si alza e si abbassa sull'orizzonte quando sorge o quando tramonta: si allinea la base del sestante con l'orizzonte, mentre con il piccolo cannocchiale si punta al sole e si vede di quanti gradi è in alto rispetto alla base usando la barra curva e graduata che scorre sopra la base. E da lì si può calcolare la propria posizione. Sembra che i primi sestanti risalgano addirittura agli antichi Egizi... e tutto partendo da una teoria, quella geocentrica, che la fisica ha smentito.

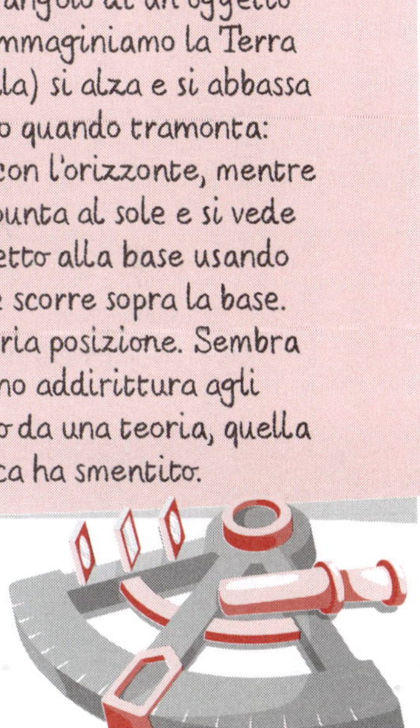

TYCHO BRAHE

TYCHO BRAHE (1546-1601)

L'astronomo danese Tycho Brahe non accettò mai il sistema copernicano e dedicò tutta la vita a cercare di costruire un sistema geocentrico perfetto che risolvesse i problemi lasciati irrisolti da Tolomeo. Nel novembre 1572 Tycho aveva osservato la comparsa di una nuova stella nella costellazione di Cassiopea, la cui luce si attenuò gradualmente sino a scomparire due anni dopo. Queste osservazioni vennero pubblicate nel libro *De stella nova* (La nuova stella) dove l'astronomo dimostrò che le sfere celesti non potevano essere immutabili, come diceva Tolomeo, ma che invece bisogna considerare un «cielo fluido e libero, aperto in tutte le direzioni, tale da non opporre alcun ostacolo alla libera corsa dei pianeti». Nonostante la precisione delle sue osservazioni,

Tycho continuò a considerare la Terra immobile al centro dell'universo.

Nato in una famiglia ricchissima, Tycho **ebbe una vita da romanzo**. Per aiutarlo nelle sue ricerche, il re Federico II fece costruire i due osservatori chiamati Uraniborg e Stjerneborg nell'isola danese di Ven, spendendo una cifra, che, al giorno d'oggi, sarebbe superiore al budget della NASA. Quando era studente perse in naso in un duello e quindi portò sempre una piastra di rame al posto del setto nasale (molte leggende dicono fosse d'oro). Per contrasti con il nuovo re danese, si trasferì a Praga, dove divenne astronomo di corte. Qui, durante un banchetto, non volle alzarsi per andare al bagno per non apparire maleducato. La rottura della vescica gli procurò un'infezione che si rivelò fatale.

GIOVANNI KEPLERO

GIOVANNI KEPLERO (1571-1630)

Giovanni Keplero (1571-1630) fu allievo di Tycho Brahe ma, rispetto al maestro, fu non solo un convinto assertore della teoria eliocentrica, ma anche lo **scopritore delle leggi che regolano il moto dei pianeti del sistema solare** e che chiamiamo, appunto, leggi di Keplero.

Keplero doveva molto al suo maestro: ereditò infatti da Tycho una gran quantità dei più precisi dati mai raccolti sulle posizioni dei pianeti. Egli riuscì a dare loro un senso partendo però da un sistema eliocentrico. Keplero studiò l'orbita di Marte usando come linea di base il Sole e una delle due intersezioni dell'orbita di questo pianeta con il piano dell'eclittica (il piano dove giace il percorso apparente del Sole intorno alla Terra). Da lì trovò le posizioni della Terra, l'orbita di Marte e dedusse le sue leggi sui pianeti utilizzando solo la geometria.

La straordinaria importanza delle scoperte di Keplero non fu subito riconosciuta, neppure da Galilei, e bisognerà aspettare cento anni perché, grazie all'opera di Isaac Newton che le usò per trovare la formula della gravitazione universale, venissero accettate dai colleghi scienziati.

Keplero descrisse le prime due leggi in un libro di astronomia, mentre la terza in un testo che si occupava anche di musica, questo perché era convinto che la musica e il movimento dei pianeti seguissero la stessa armonia.

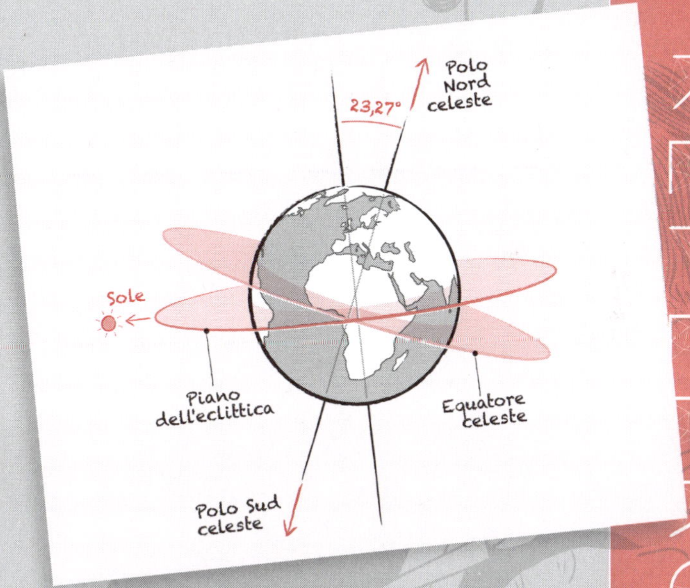

Le leggi di Keplero

PRIMA LEGGE

L'orbita descritta da un pianeta è un'ellisse, di cui il Sole occupa uno dei due fuochi.

Keplero si rese conto che le orbite dei pianeti non erano circolari: la cosa lo infastidì molto dato che avrebbe preferito fossero circolari. Lo scrisse anche a Galileo Galilei il quale, anche lui infastidito dalle ellissi, non rispose neppure alla sua lettera.

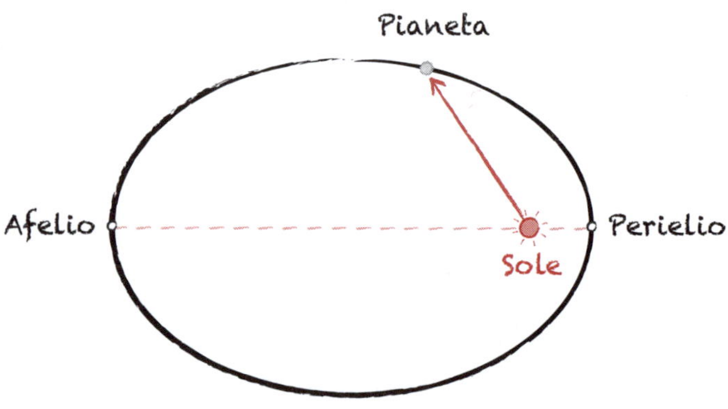

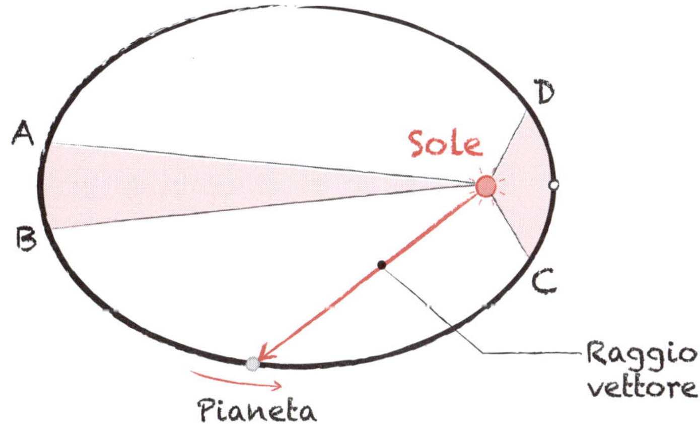

SECONDA LEGGE

Il segmento (raggio vettore) che unisce il centro del Sole con il centro del pianeta descrive aree uguali in tempi uguali.
Questa frase significa che a seconda dalla sua distanza dal Sole, la Terra (o altro pianeta) viaggia a differente velocità. Nell'immagine qui sopra vediamo la Terra quando è più vicina al Sole (perielio) e quando è più lontana (afelio). Quando è al perielio va più velocemente perché copre un arco più grande (DC), quando è all'afelio va più lentamente perché copre un arco più corto (AB) e i tempi, così, sono uguali.

TERZA LEGGE

I quadrati dei tempi che i pianeti impiegano a percorrere le loro orbite sono proporzionali al cubo delle loro distanze medie dal Sole.

Questa legge permette di calcolare le velocità dei pianeti attraverso i tempi che impiegano a percorrere l'orbita intorno al Sole. Per semplificare i calcoli, nel grafico sottostante, i periodi di rivoluzione dei pianeti sono calcolati facendo finta che le loro orbite siano dei cerchi, e non delle ellissi, dove ogni cerchio ha raggio pari alla metà dell'asse maggiore dell'ellisse.

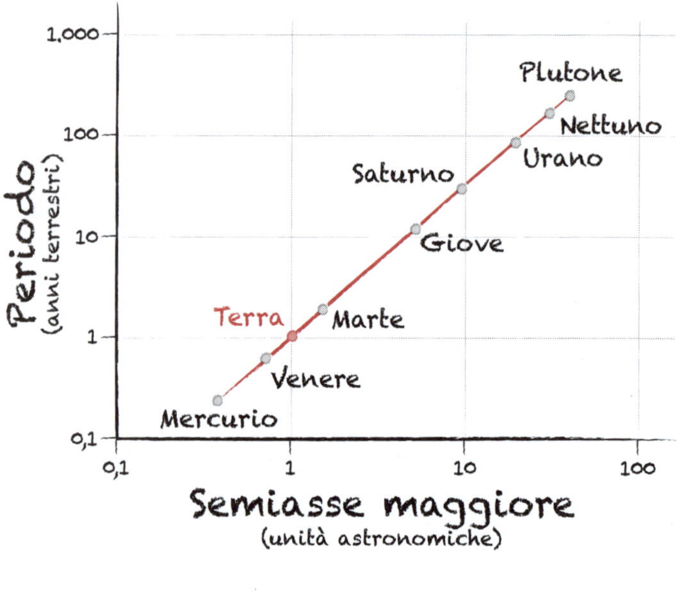

ROMANZI TRA LE STELLE

LA MUSICA SEGRETA

di John Banville

Romanzo con protagonista un Niccolò Copernico molto diverso da quello raccontato nei libri di scuola. Destinato a prendere in mano l'impresa di famiglia, Niccolò è invece preso dagli studi delle scienze, soprattutto dell'astronomia che lo introduce allo svelamento dei misteri del cosmo tramite la scienza. Il romanzo di Banville racconta le inquietudini, i desideri e l'intelligenza straordinaria di un uomo in perenne viaggio tra l'Italia e la Polonia, tra una realtà fatta di guerre e congiure e una conoscenza composta di leggi matematiche e armoniose, tra il desiderio di vivere e l'impossibilità a farlo fino in fondo.

L'UOMO CHE CAMBIÒ I CIELI

di Francesco Ongaro

Ambientato nella Danimarca del XVI secolo, è il racconto del riscatto attraverso la scienza di Jep, ragazzo povero e destinato a una vita di stenti, grazie all'incontro con il più famoso astronomo del suo tempo, Tycho Brahe. Attraverso il rapporto tra il maestro e l'allievo, Ongaro racconta la nascita di quelle critiche al sistema geocentrico, che Brahe non riuscirà a salvare, il riscatto di un uomo e il ruolo dello scienziato nella società.

LA NOTTE DI KEPLERO

di John Banville

La vita avventurosa e imprevedibile di uno dei più grandi scienziati di tutti i tempi diventa un romanzo appassionante. È il racconto delle tante ossessioni (il denaro, le discussioni scientifiche con i colleghi, il rapporto con i potenti sempre instabile) di uno scienziato dall'animo irrequieto e tormentato, forte bevitore, appassionato di musica e consumato dai continui lutti familiari di mogli e figli, oltre che dalla difesa della madre accusata di stregoneria. Dopo la sua morte, il figlio Ludwig fece pubblicare il romanzo divulgativo ***Il sonno ovvero l'astronomia lunare***, in cui Keplero descriveva la Terra come vista dalla Luna: oggi è considerato da scienziati scrittori, come Carl Sagan e Isaac Asimov, come il primo romanzo di fantascienza.

Gravità, la colla dell'universo

Fin da piccoli facciamo conoscenza con la forza di gravità: quando inciampiamo, cadiamo verso il pavimento. Questa accade non solo perché siamo sbadati, ma anche perché il nostro pianeta ci attira verso di lui con una forza, la "forza di gravità". A dire il vero anche noi attraiamo verso di noi il pianeta Terra, ma questo non ci frana addosso. Ma com'è possibile?
La descrizione di questa forza di attrazione tra due corpi, o due masse, l'ha fatta l'inglese Isaac Newton nell'opera ***Philosophiae Naturalis Principia Mathematica***, nota più semplicemente come ***Principia***, pubblicata il 5 luglio 1687. Newton l'ha sintetizzata nella formula:

$$F = (Gm_1m_2)/r^2$$

Dove F è la **forza di gravità**, G è la **costante di gravitazione universale**, m_1m_2 è il prodotto tra le **due masse che si attraggono**, e r è la **distanza che separa i due corpi** e che viene elevata al quadrato.

Vediamo come funziona. La gravità agisce tra due corpi ed è direttamente proporzionale alla loro massa. Questo vuol dire che quando due corpi sono vicini, per esempio noi e la Terra, questi si attraggono reciprocamente. Solo che il più grosso esercita una forza maggiore rispetto al più piccolo. Ecco perché noi cadiamo verso la Terra e non viceversa (per fortuna).

Dalla formula vediamo che la forza di gravità è inversamente proporzionale alla distanza fra i due corpi: più i corpi sono lontani più la forza di gravità diminuisce (e di molto, visto che la distanza è al quadrato).

G è la costante di gravitazione universale ed è un numero valido per qualunque coppia di corpi si attraggano tra loro, sia che siano due particelle sia due pianeti.

Infine, questa legge ci dice una cosa molto semplice: per quanto grande possa essere r, la distanza, F non sarà mai pari a zero. La forza di gravità ha un raggio d'azione infinito, e non a caso tiene insieme l'intero universo.

La leggenda vuole che Newton abbia ideato questa formula osservando una mela cadere da un albero, in realtà questo risultato era "frutto" solo di anni di studi.

Perché la Luna non ci cade addosso?

Tutti abbiamo guardato la Luna e, molto probabilmente, ci siamo chiesti almeno una volta come mai non cada sulla Terra come la famosa mela di Newton dall'albero. Questo succede perché la Luna non è mai ferma, ma si muove costantemente attorno a noi (come un secchio rotante è legato a una corda). La Luna infatti ha un moto di rotazione (cioè su sé stessa) che è sincrono con quello della Terra: avviene in senso antiorario e si compie in 27 giorni, 7 ore, 43 minuti e 12 secondi. Questo moto non è regolare ma ha delle oscillazioni dette "librazioni". L'altro moto della Luna è quello di rivoluzione intorno alla Terra, avviene in senso antiorario, su un'orbita ellittica il cui punto

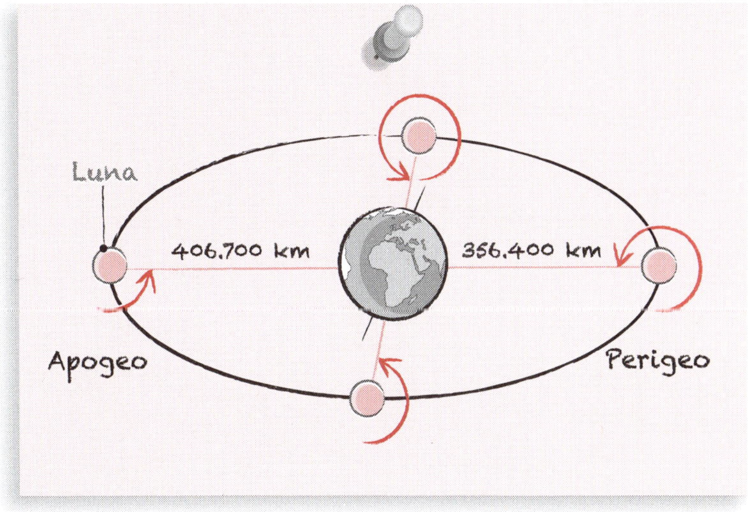

più vicino alla Terra è a 356.400 km, mentre il punto più lontano è a 406.700km (la distanza media è di 384.400 km). La velocità media è di quasi 1 km/s e dura 27 giorni, 7 ore, 43 minuti e 12 secondi, uguale al tempo di rotazione. Ecco perché vediamo sempre la stessa faccia! L'altra faccia, quella che chiamiamo "il lato oscuro della Luna", è semplicemente il più lontano da noi. Senza la forza di gravità della Terra a tenerla agganciata come una fune, la Luna fluttuerebbe nello spazio, mentre la velocità di rivoluzione le permette di mantenersi sempre in equilibrio: se fosse più veloce si allontanerebbe, se fosse più lenta cadrebbe su di noi.

Come è nata la Luna?

La Luna gira attorno alla Terra da più di quattro miliardi di anni e da sempre si discute sulla sua formazione. Fino a qualche anno fa si pensava che si fosse formata insieme alla Terra, oppure che fosse stata catturata dall'attrazione terrestre perché era passata troppo vicino. La teoria ora più accreditata è che la Luna facesse parte della Terra. In pratica si ritiene che durante la formazione del nostro sistema solare **un decimo pianeta, chiamato Theia, si sia scontrato con la nostra Terra** ancora in formazione e, nello scontro, un'enorme quantità di materiale sia stato espulso e abbia formato, appunto, la Luna.
Questa teoria spiegherebbe perché le rocce lunari siano così simili a quelle terrestri.

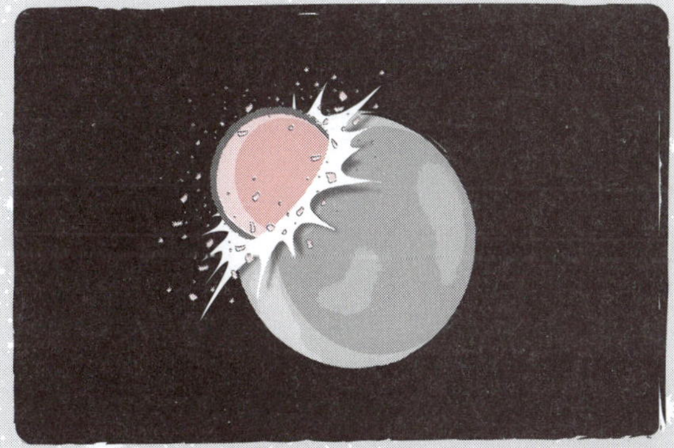

Impatto

Anello di detriti

I detriti fondono

A differenza della Terra, la Luna sembra non avere un nucleo attivo, bensì solo uno molto piccolo fatto di ferro solido. Ha un'atmosfera molto tenue e un sesto della forza di gravità terrestre. Le missioni Apollo hanno portato sulla Luna anche alcuni sismografi che hanno registrato qualche migliaio di terremoti l'anno ma tutti poco intensi.
Subito dopo la sua formazione, la Luna era molto più vicina alla Terra di adesso e non era ancora in rotazione sincrona. Col passare del tempo, la Terra subì notevoli cambiamenti, come la formazione degli oceani e diverse ere glaciali, che influenzarono il periodo di rotazione e la distanza Terra-Luna. Oggi questa distanza è calcolata con enorme precisione grazie a uno specchio lasciato sul nostro satellite dagli astronauti delle missioni Apollo. Questo specchio riflette un raggio laser che permette così di calcolare la distanza del nostro satellite con la precisione di un capello e in modo continuato. Tramite questa misurazione, che si chiama Lunar Laser Ranging, è stato possibile anche osservare l'effettivo allontanamento dei due corpi celesti nel corso degli anni: la Luna si allontana infatti dalla Terra di 3,8 centimetri all'anno.

Le maree: l'effetto della Luna sulla Terra

Anche la Luna attira verso di sé la Terra, ed è questa attrazione che, insieme alla forza centrifuga dovuta al sistema Terra-Luna, genera le **forze di marea**. In generale, quando un oggetto molto grande (nel nostro caso la Terra) subisce l'influenza gravitazionale di un altro (la Luna), può vedere modificare la sua forma, senza cambiare il volume. Per esempio, se l'oggetto più grande fosse una sfera, le forze di attrazione tenderanno a distorcerlo in un ellissoide. Nel nostro caso, le forze di marea spostano le grandi masse d'acqua del nostro pianeta (oceani, mari, grandi laghi) che si alzano (alta marea o flusso) e si abbassano (bassa marea o riflusso) facendo "allungare" la Terra verso la Luna.

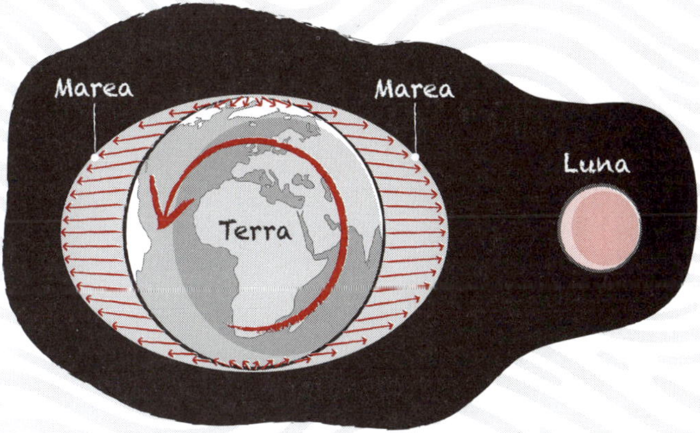

Sulla faccia della Terra rivolta verso la Luna la forza di gravità è lievemente maggiore in quanto la distanza dal nostro satellite è minore, mentre la forza centrifuga è minore perché la distanza dal centro di rotazione è minore: questa differenza origina una forza diretta verso la Luna. Sull'altra faccia accade il contrario quindi la forza risultante punta nel verso opposto. Abbiamo così un sollevamento delle acque sia sul lato della Terra rivolto verso la Luna, sia sul lato opposto. Ecco perché l'alta e la bassa marea si alternano all'incirca due volte al giorno.

I MEZZI PIÙ STRANI

Nel poema ***L'Orlando furioso*** (1516), Ludovico Ariosto manda il paladino Astolfo sulla Luna a recuperare il senno di Orlando, pazzo per aver scoperto che l'amata Angelica ama invece un altro. Astolfo si serve di un **ippogrifo**, ossia un essere con le ali di aquila, la testa e le zampe di un grifone e il corpo di cavallo.

In ***L'altro mondo o gli stati e gli imperi della Luna*** (1657), lo scrittore Cyrano de Bergerac racconta di essere andato sulla Luna grazie a delle **ampolle piene d'acqua di rugiada** che, evaporando per il calore del Sole, lo sollevano sino a farlo arrivare sulla superficie del nostro satellite.

PER ANDARE SULLA LUNA

Ne *Le avventure del barone di Münchausen* (1785) di Rudolf Erich Raspe, il nostro eroe arriva sulla Luna con una **mongolfiera**. Per tornare indietro, dato che il precedente mezzo è inservibile, usa una corda di cui taglia man mano un pezzo, che lega all'estremità successiva e così via, fino a tornare sulla Terra.

In *Uomini sulla Luna* (1865), Jules Verne immagina **un gigantesco cannone** che spara un enorme proiettile che contiene tre uomini. La capsula entrerà nell'orbita della Luna e le ruoterà attorno come un satellite, e solo l'ingegno dei tre li riuscirà a salvare. Il libro ha ispirato il film muto del 1902 *Viaggio nella Luna* scritto, prodotto, montato, musicato e diretto da Georges Méliès, che è considerato il primo film di fantascienza della storia del cinema.

LA LUNA IN MUSICA

Tante sono le canzoni sulla Luna, per esempio ***Tintarella di luna***, ma il primo disco che viene in mente tra quelli dedicati al nostro satellite c'è *The Dark Side of the Moon*. È uno dei dischi più famosi del mondo, realizzato dal gruppo musicale inglese Pink Floyd nel 1973, il cui titolo allude alla follia umana visto attraverso la metafora del lato oscuro della Luna. A oggi, ha venduto più di 50 milioni di copie, ma forse è un dato sottostimato, ed è stato ascoltato, citato e studiato da milioni di persone. La copertina, opera di George Hardie e Storm Thorgerson, non rappresenta la Luna, ma un fascio di luce scomposto da un prisma in sei colori: rosso, arancione, giallo, verde, indaco e viola.

È SUL GRANDE SCHERMO

Tra i tanti film ambientati sulla Luna, il più famoso è certo *2001: Odissea nello spazio* (1968) di Stanley Kubrick. Scritto dal fisico e scrittore inglese Arthur Clarke, racconta di un misterioso monolite nero che, in varie epoche, dalla preistoria fino al futuro prossimo, cambia la storia degli esseri umani. Tra le scene più famose del film, il ritrovamento del monolite sulla Luna proprio nell'anno 2001, dove appare una base spaziale fissa. Secondo Clarke il monolite aveva dimensioni proporzionali a 1-4-9, ossia i quadrati dei primi tre numeri naturali 1, 2, 3 (zero escluso). L'idea del film nacque a Kubrick dalla lettura del racconto ***La sentinella*** scritto da Clarke nel 1948, ma quest'ultimo ha ammesso che «*La sentinella* assomiglia a *2001* come una ghianda assomiglia a una quercia adulta».

Sfuggire alla forza di gravità

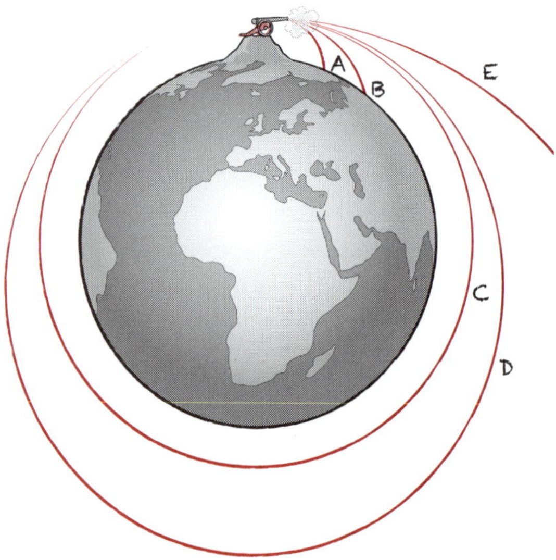

Si può sfuggire alla forza di gravità? A volte possiamo farlo per poco tempo, per esempio saltando, ma per liberarci davvero della gravità dobbiamo muoverci molto velocemente per allontanarci dal nostro pianeta e sfuggire alla sua azione.

Già Isaac Newton nel XVII secolo si era posto questo problema analizzando un'ipotetica palla di cannone sparata dalla cima di una montagna dove un cannone spara dei proiettili con velocità sempre più grande. I proiettili A e B ricadono a terra. Il proiettile C percorre un'orbita circolare, D, invece, una ellittica. Il proiettile E si allontana dal pianeta.

Per sfuggire all'attrazione gravitazionale possiamo fare i conti eguagliando l'energia gravitazionale della Terra con l'energia cinetica di un corpo, ossia l'energia che ha il corpo in movimento:

$$1/2\ mv^2 = (GmM)/R$$

Dove **m** è il nostro oggetto, **v** la velocità di fuga, **G** la costante gravitazionale, **M** la massa della Terra, **R** il raggio della Terra.
Otteniamo così:

$$v = \sqrt{2GM/R}$$

Quindi la velocità di fuga non dipende dal corpo, ma dall'oggetto che causa la forza di gravità.
Gli scienziati hanno calcolato che il pianeta Terra ha una massa di 5,9276 x 10^{24} kg e il suo raggio è poco più di 6.000 km, quindi otteniamo una velocità di fuga di 11,2 km/s, che corrispondono a 40.320 km/h. Per questo per mandare in orbita un astronauta si usano dei razzi enormi. Se fossimo sulla Luna, la velocità di fuga sarebbe di soli 2,37 km/s, "solo" 8.532 km all'ora: sarebbe già un bel risparmio!

Chi sta viaggiando? I sistemi di riferimento

Immaginate di essere seduti in treno, in stazione, con le tende tirate, e di domandarvi se siete già partiti. Guardate fuori dal finestrino e fuori c'è un treno uguale al vostro che si muove. Oppure siete voi a muovervi? Chi si sta muovendo davvero? Quando poi vedete che la stazione non c'è più e il paesaggio viene lasciato indietro, allora non avete più dubbi: siete voi a muovervi. Se invece il treno fuori non ci fosse più e voi vedeste la stazione ferma, allora capireste di essere ancora fermi.
Capire chi si sta muovendo rispetto a chi è una delle scoperte fondamentali della fisica che ci dice che ogni moto è relativo al sistema di riferimento in cui lo si descrive.

Per esempio, se siamo in un treno in corsa noi siamo in movimento rispetto a un osservatore fermo in stazione che quel treno lo ha perso. Dal nostro punto di vista rispetto al treno, noi siamo fermi (se lanciamo una palla in alto, la vediamo muoversi in verticale come se stessimo in stazione) mentre chi si muove è il passeggero che non è riuscito a salire. Da qui nascono due domande:

1. Esiste un sistema di riferimento assoluto che permette si stabilire se tutti gli altri sono in movimento rispetto ad esso?

2. Le leggi della fisica, ossia della natura, sono le stesse in tutti i sistemi di riferimento?

Le risposte sono:

1. No, non esiste un sistema di riferimento privilegiato.

2. Le leggi della fisica sono le stesse in tutti i sistemi di riferimento.

Sono i due pilastri che ci permettono di applicare tutte le leggi della fisica ovunque, sulla Terra come in un'altra galassia.

I sistemi di riferimento e le leggi della dinamica

Per applicare le leggi della fisica e fare i calcoli, bisogna trovare un sistema di riferimento. Ne esistono di due tipi; quelli **inerziali** e quelli **non inerziali**: i sistemi inerziali sono sistemi che si muovono uno rispetto all'altro con velocità uniforme, quelli non inerziali si muovono con velocità diverse e hanno quindi un'accelerazione.

Con quelli inerziali è facile fare i calcoli, con gli altri molto meno... quindi, secondo voi, quali sistemi hanno privilegiato i fisici? Ovviamente i primi. Ma come si definisce un sistema di riferimento inerziale?

È un sistema che rispetta le tre leggi della dinamica, introdotte da **Isaac Newton** nel 1687.

1. PRIMA LEGGE

Se la somma delle forze che agiscono su un corpo è nulla, allora il corpo è in quiete o, se è in moto, rimane in moto rettilineo uniforme. Questo si chiama principio di inerzia e dice che ogni corpo tende a uno stato di minima energia, ossia a non affaticarsi. Un po' come un gatto che dorme venti ore al giorno.

2. SECONDA LEGGE

A ogni forza che agisce su un corpo corrisponde un'accelerazione:

$$F = ma$$

Dove **F** è la forza, **m** la massa del corpo e **a** l'accelerazione. In pratica, se do un colpo a una biglia, questa cammina.

3. TERZA LEGGE

A ogni azione corrisponde un'azione uguale e contraria.
Per esempio, se ti do una spinta, tu tendi a resistere e non a cadere. Oppure, se appoggio un peso sul tavolo, il tavolo si oppone alla forza di gravità e non lo fa cadere a terra (poi, dipende dalla resistenza del tavolo e dal peso).

Questi tre principi permettono di definire i sistemi di riferimento inerziali e verificare che le leggi della fisica sono uguali per tutti i sistemi di riferimento. In pratica, se io mi muovo e voi state fermi e tutti vediamo un fenomeno accadere, possiamo avere una relazione matematica che permette di dire che stiamo vedendo lo stesso fenomeno.
Torniamo al treno. Il sole sta tramontando. Possiamo dire che chi sta viaggiando in treno vede lo stesso fenomeno di chi sta fermo in stazione? Sì. E possiamo dirlo grazie alle trasformazioni di Galileo (sempre lui) e che trovate alle pagine seguenti.

Le trasformazioni di Galileo

Torniamo al nostro esempio del treno e immaginiamo di stare sulla banchina e salutare un amico che sta partendo.
Quando il treno è fermo, il nostro sistema di riferimento, che chiamiamo **S**, coincide con quello dell'amico che denotiamo con **S**'.

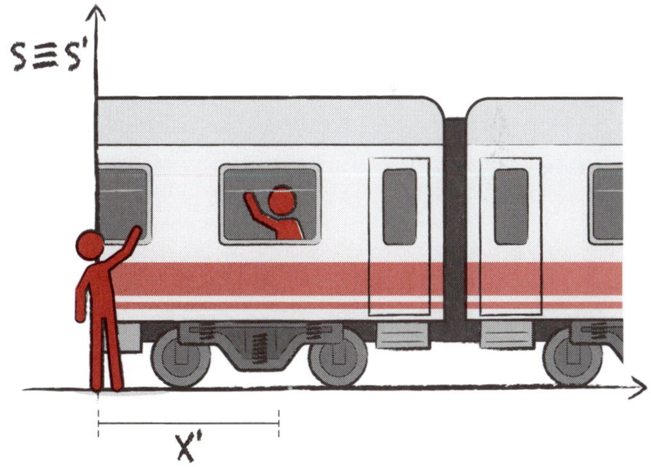

Quando il treno parte con velocità costante v, i due sistemi si muovono uno rispetto all'altro.

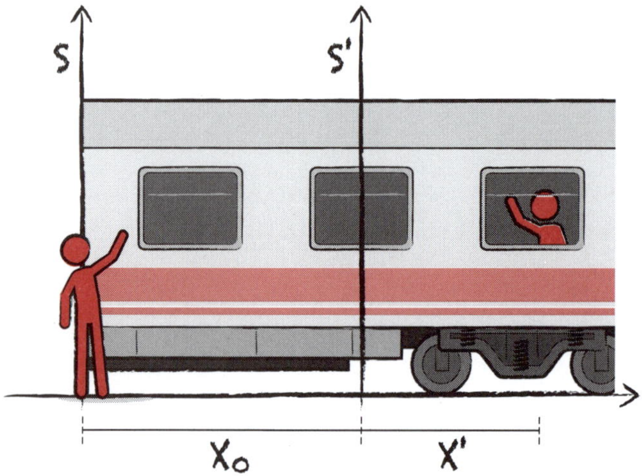

La posizione del nostro amico cambia rispetto a noi in questo modo:

$$x_0 = x' + vt$$

dove $\mathbf{x_0}$ indica lo spostamento visto dal sistema **S**, ossia la banchina della stazione, **x'** lo spostamento visto dal treno, ossia il sistema **S'**, **vt** è lo spazio che ci separa, dato dalla moltiplicazione della velocità del treno **v** per il tempo **t** che scorre.

Il segno "+" ci dice che il nostro amico avanza nel verso positivo del nostro sistema di riferimento.

Ma anche il nostro amico ci vede allontanare, secondo questa formula:

$$x' = x_0 - vt$$

Qui abbiamo il segno "–" perché ci vede andare in direzione contraria rispetto al suo sistema di riferimento.

Questo ci dice che entrambi gli osservatori, noi e il nostro amico, vediamo la stessa cosa (ci salutiamo), e i due sistemi sono indistinguibili perché il fenomeno è lo stesso.
Una cosa simile accade nelle gallerie del vento: la macchina sta ferma e l'aria si muove, che è la stessa situazione che avremmo per strada con la macchina in movimento e l'aria ferma intorno.
Questo sistema funziona quando le velocità coinvolte sono minori della luce: per questo lo usiamo per studiare tutte le azioni che facciamo nella vita quotidiana (le situazioni in cui entra la velocità della luce saranno risolte da Albert Einstein, ma non spoileriamo, lo scoprirete più avanti).

Forze apparenti, ma solo di nome

Immaginiamo di essere in un treno in movimento. Stiamo camminando in corridoio per andare in bagno quando il vagone frena e una spinta ci butta in avanti. Chi è stato a spingerci? Ci alziamo, ci giriamo ma dietro di noi non c'è nessuno. Possibile? Possibile. Abbiamo appena fatto conoscenza con una forza apparente.
Ecco, sveliamo adesso un trucco della fisica: i sistemi inerziali sono belli e comodi da usare per fare i conti ma **nella realtà non esistono sistemi inerziali** dato che tutti i sistemi sono sottoposti a una qualche accelerazione, per esempio la forza di gravità. Solo che un sistema accelerato rispetto a un altro è spesso molto difficile da studiare. E quindi? E quindi si usano dei sistemi inerziali "modificati", dove gli effetti

dell'accelerazione sono definiti come "forze apparenti" che vengono sommate a quelle in atto.

Torniamo al nostro treno e poniamo un amico nel sistema S, che è quello fermo in stazione, mentre noi siamo in treno, ossia nel sistema in movimento non inerziale S'. Quando il treno frena, l'amico in stazione vede che su di noi agisce una forza F di questo tipo:

F = F' + F apparente

Dove **F apparente** è quella che ci ha spinto per terra. Questa "correzione", o "trucco", ci permette di usare le leggi della dinamica e di fare dei conti molto precisi anche per un sistema non inerziale.

Perdere e acquistare peso in ascensore o nella stazione spaziale

Quando ci muoviamo in ascensore ci accorgiamo che il nostro peso cambia. Per esempio, quando saliamo ci sembra di aumentare di peso, quando scendiamo ci sentiamo più leggeri. In realtà pesiamo sempre allo stesso modo. Da dove nascono allora queste sensazioni?

Dalle forze apparenti.

Un ascensore non è un sistema inerziale perché è accelerato dal motore che lo fa muovere. Immaginiamo di mettere una bilancia in ascensore e di misurare il nostro peso mentre saliamo e scendiamo. Che peso registrerebbe un amico che ci vede stando fermo a un piano?

Questo qui:

$$\text{F bilancia} = ma+mg$$

Dove **F bilancia** è il peso registrato dalla bilancia, **ma** è la forza che l'ascensore applica su di noi quando sale o scende (quindi con a positiva quando sale o negativa quando scende, mentre **mg** è il nostro peso, ossia la massa per l'accelerazione di gravità. Questo perché rispetto a noi, il nostro amico ci vede soggetti sia alla gravità (il nostro peso) sia alla forza esercitata dall'ascensore. A questo punto **quando l'ascensore sale, quindi a > 0, si ha che F bilancia > mg, quindi pesiamo di più**.
Quando scendiamo, quindi **a < 0, invece F bilancia < mg, quindi pesiamo di meno**.
E che succede quando cadiamo in caduta libera, ossia a = g ? A quel punto la bilancia segnerebbe 0, ossia non avvertiremmo peso! Ma il peso c'è, eccome. È la stessa sensazione che avvertiamo quando ci tuffiamo, oppure se fossimo nella stazione spaziale. Infatti gli astronauti non avvertono la gravità perché la stazione "cade" continuamente intorno alla Terra: per questo galleggiano. Ma la gravità c'è eccome: è quella che tiene la stazione ancorata al pianeta, altrimenti si perderebbe nello spazio.

IN PRATICA

Tre amici sono in un ascensore i cui cavi hanno ceduto e che, quindi, sta precipitando! Il primo si stende per terra e allunga gli arti, il secondo rimane in piedi e il terzo salta. Chi dei tre ha le maggiori possibilità di cavarsela?

Il primo, quello che si stende per terra. In questo modo, infatti, l'impatto si distribuirà su un'area maggiore del corpo. Il secondo si farà molto male perché nel suo caso l'area di contatto delle forze d'impatto è minore, ossia quella dei soli piedi, quindi riceverà una pressione maggiore del primo con conseguente rottura, per esempio, delle gambe che poi dovrebbero sopportare anche il peso del corpo stesso. Il terzo, in caso riuscisse a saltare, si troverebbe peggio di tutti: nel suo caso si troverebbe a cadere verso il basso quando la cabina rimbalzerebbe per l'impatto, a quel punto sommerebbe la sua energia cinetica di caduta con quelle della cabina che va verso l'alto e, dato che l'energia cresce con il quadrato della velocità [$E = 1/2\ (mv^2)$] il disastro è garantito.

Come si fa a cadere senza farsi male?

Il trucco per non farsi male cadendo è quello di massimizzare l'area di contatto con il suolo e la durata dell'urto, riducendo così la forza di impatto. Per esempio, quando i paracadutisti toccano terra non tengono le gambe rigide, altrimenti la forza di compressione del corpo in caduta libera le romperebbe. Per non farsi male toccano terra con i talloni tenendo le gambe rilassate e piegate, poi girano e cadono prima sulle gambe e poi sulla schiena: in questo modo si prolunga la durata dell'urto, la forza d'impatto è ridotta e viene distribuita in un'area maggiore del corpo. Una tecnica analoga la adottano i lottatori di judo quando, buttati a terra, ruotano il corpo per prolungare il tempo dell'impatto e ampliare l'area di contatto. In più, sbattono un braccio a terra, azione che serve sia ad avere più area di impatto, sia a creare un urto che si oppone a quello di caduta: in questo modo aiutano il corpo ad alzarsi e riducono l'urto al torace.

La misteriosa forza di Coriolis

Immaginate di essere nel vostro bagno, da qualche parte nell'emisfero settentrionale del pianeta. Tappate il lavandino e riempitelo d'acqua. Poi, togliete il tappo e osservate il vortice che si crea. Da che parte gira l'acqua? Di solito in senso antiorario. Chiamate adesso un vostro amico che vive da qualche parte nell'emisfero meridionale, per esempio a Buenos Aires. Anche lui ha riempito il lavandino e sta osservando il vortice. Solo che si accorge che il verso dell'acqua è orario. Chi ha ragione tra voi e il vostro amico? Vediamo.

La differenza del movimento dell'acqua è dovuta a una forza apparente, la **forza di Coriolis**, così chiamata in onore del fisico francese Gaspard-Gustave de Coriolis (1792-1843) che la descrisse per la prima volta nel 1835 osservando i sistemi non inerziali in rotazione. È la forza a cui risulta soggetto un corpo (l'acqua) quando si osserva il suo moto da un sistema di riferimento che sia in moto rotatorio, quindi accelerato e non inerziale, rispetto a un sistema di riferimento inerziale. Il sistema non inerziale da cui osserviamo l'acqua è il nostro, sulla Terra, questo perché la Terra gira e quindi ha su di noi un'accelerazione centrifuga (sì, come una lavatrice). Questa forza si esprime con la formula:

$$F_{coriolis} = -2m\omega v$$

Nel nostro caso, **m** è la massa dell'acqua, **ω** la velocità angolare del nostro pianeta (ossia la velocità con cui copre un angolo, dato che la Terra si muove su un'ellisse o un cerchio per semplificare), e **v** è la velocità con cui si muove l'acqua rispetto alla Terra.

Come ogni forza, anche la forza di Coriolis ha una direzione e un verso: è perpendicolare all'asse di rotazione e, visto il segno meno, ha verso opposto a quello di rotazione. Allora, quando siamo nell'emisfero settentrionale, nel nostro lavandino il vortice gira in senso antiorario, ossia da ovest verso est, mentre nell'emisfero meridionale va al contrario, da est verso ovest. Quindi abbiamo ragione entrambi, noi e il nostro amico.

In realtà quella del lavandino è solo un'approssimazione che ci serve per introdurre questa forza "apparente". Per vedere davvero l'effetto della forza di Coriolis in casa dovremmo avere un'acqua molto ferma e uno scarico molto piccolo. Su grande scala, invece, la forza di Coriolis ha applicazioni molto, molto evidenti: girate pagina per scoprirle.

Perché gli aerei volano curvi?

Se abbiamo avuto la fortuna di viaggiare in aereo da un continente all'altro, avremo certo osservato su uno schermo la sua direzione di volo che non è dritta, ma curva. Perché?
Al di là dei confini dei vari spazi aerei, alcuni non si possono sorvolare anche per ragioni militari o politiche, ogni rotta aerea deve tenere conto della forza di Coriolis, ossia del moto di rotazione della Terra che avviene in senso antiorario rispetto all'asse terrestre. Questa rotazione produce sull'aereo una forza di Coriolis che non è trascurabile, e che rischierebbe di deviarne la

rotta. A noi sull'aereo, ossia solidali con il sistema dell'aereo, sembrerebbe di volare in linea retta, in realtà, visti da fuori, ossia da un amico solidale alla Terra, faremmo un tragitto curvo, e quindi invece di atterrare dove volevamo ci troveremmo da un'altra parte. Dove? Se ci trovassimo nell'emisfero boreale, ossia quello settentrionale, e ci muovessimo lungo un meridiano, ossia una linea che va dal Polo Nord o dal Polo Sud all'equatore, la forza di Coriolis ci devierebbe verso ovest, mentre se ci muovessimo dall'Equatore verso uno dei poli, verremmo spinti verso est.

Perché ci sono i cicloni e gli anticicloni?

Quando guardiamo le previsioni del tempo in televisione, sentiamo parlare di **cicloni** e **anticicloni**, e vediamo che nell'emisfero settentrionale hanno questi versi:

anticiclone (alta pressione) ⟶ senso orario
ciclone (bassa pressione) ⟶ senso antiorario

Nell'emisfero meridionale avviene l'opposto.
Questi vortici e i relativi versi di rotazione sono conseguenza della forza di Coriolis che influisce sui venti, la formazione e la rotazione delle tempeste (addirittura anche nella direzione delle correnti oceaniche). In pratica, all'equatore si riscaldano delle grandi masse d'aria che diminuiscono in densità e salgono di quota dove sono soggette alla pressione atmosferica e all'effetto Coriolis. Questo movimento in alto sposta l'aria più fredda che scorre invece sulla superficie terrestre verso l'equatore.
I venti che normalmente scorrerebbero verticalmente dai poli verso l'equatore sono quindi deviati dalla forza di Coriolis e

danno origine a quei venti costanti noti con il nome di **alisei**. Nell'emisfero boreale questi venti soffiano da nord-est verso sud-ovest mentre nell'emisfero sud soffiano da sud-est verso nord-ovest. I flussi d'aria che si sollevano all'equatore non giungono fino ai poli, poiché la forza di Coriolis costringe le correnti d'aria a muoversi in circolo intorno alle regioni polari.
Nell'immagine qui sotto potete vedere la direzione che il vento avrebbe se la Terra non ruotasse (frecce grigie), la direzione della forza di Coriolis dovuta alla rotazione del pianeta (frecce rosse) e la direzione reale del vento dovuta alla combinazione delle due forze (in nero) che provoca il vortice finale. Se la Terra non ruotasse, i venti non si muoverebbero in circolo.

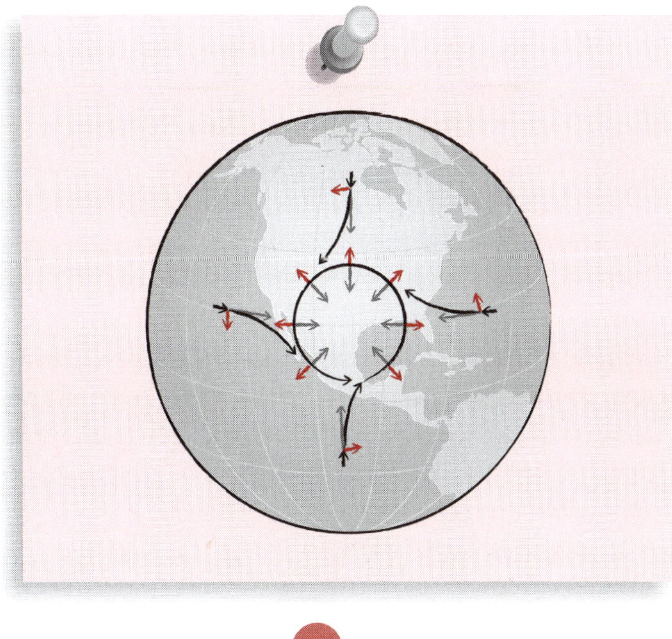

Come ci accorgiamo che la Terra ruota su sé stessa?

Si può dimostrare che la Terra ruota senza andare nello spazio? Sì, e ci è riuscito il fisico francese **Leon Foucault** (1819-1868) il 31 marzo 1851, a Parigi, in una spettacolare dimostrazione al Panthéon. Foucault ha costruito **un enorme pendolo** con una grossa sfera di ottone pesante 28 kg attaccata a un robusto filo metallico lungo 67 m agganciato a sua volta alla cupola del Panthéon. Sotto la sfera c'era una specie di "penna di ottone" che tracciava un solco su della sabbia messa sul pavimento. Messo in moto il pendolo, la penna ha iniziato a tracciare un solco per segnare le oscillazioni. Oscillazione dopo oscillazione, il solco si spostava progressivamente verso destra: Foucault ha dimostrato che la Terra ruota. Il piano di oscillazione del pendolo si trova sulla Terra, che **non** è un sistema di riferimento inerziale dato che il nostro pianeta gira su sé stesso con una certa accelerazione. Quindi il piano è soggetto sia alla forza centrifuga sia alla forza di Coriolis, e quest'ultima è la

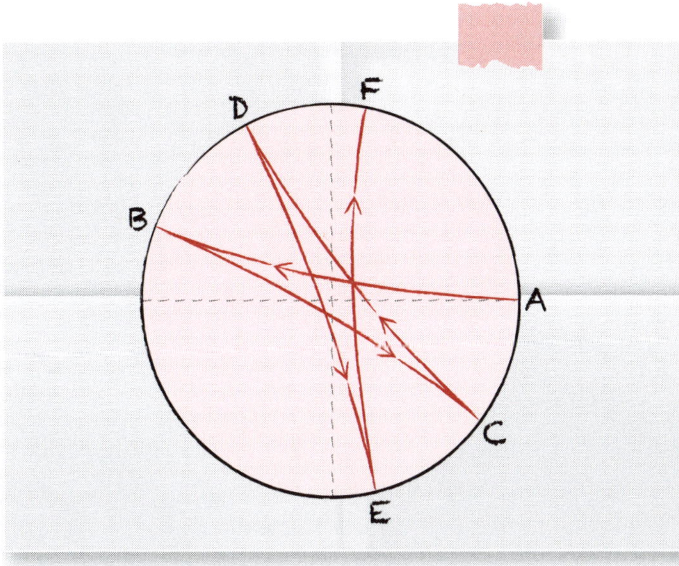

responsabile dello spostamento del piano verso destra (se Foucault avesse condotto l'esperimento in Australia, lo spostamento sarebbe stato verso sinistra). Se la Terra fosse un sistema inerziale, il piano non si sarebbe spostato. Foucault aveva calcolato che il piano del pendolo sarebbe ruotato di un angolo di 11,3° ogni ora, cosa che realmente avvenne.

Nel disegno qui sopra vediamo come oscilla il pendolo. Il pendolo parte dal punto A e arriva al punto B, ma quando torna indietro la forza di Coriolis "sposta" l'oscillazione che quindi non torna ad A ma va verso il punto C ecc. Se la Terra fosse un sistema inerziale, ossia se **non** ruotasse e quindi **non** avesse un'accelerazione, il piano di oscillazione sarebbe sempre stato tra A e B.

Velocità di caduta libera

Quando cadiamo o ci buttiamo con il paracadute, su di noi agisce solo la forza peso e diciamo che siamo in "caduta libera".
Che velocità abbiamo in caduta libera?
All'inizio aumenteremo la velocità secondo la legge:

$$v = gt$$

dove **g** è l'accelerazione di gravità e **t** il tempo di volo. Però, un momento: se questo fosse vero, allora un paracadutista acquisterebbe una velocità tale da non poter essere frenato, e invece accade il contrario. Come mai?
Questo accade perché ci muoviamo nell'aria che, anche se non sembra, è un fluido. Quando corriamo o andiamo molto veloci, la resistenza dell'aria si sente e infatti ci rallenta. Quando cadiamo da molto in alto, per esempio con il paracadute, l'aria ha il tempo di offrire una resistenza tale da frenare la nostra accelerazione e di portarci ad avere una velocità costante di caduta tale da essere frenati e cadere senza spiattellarci.

UN ESPERIMENTO DA FARE IN BAGNO. PRENDIAMO UN BICCHIERE DI POLISTIROLO, RIEMPIAMOLO D'ACQUA E POI FACCIAMO UN FORO IN FONDO AL BICCHIERE CHE TAPPIAMO CON UN DITO PER NON FARE USCIRE LIQUIDO. SOLLEVIAMO IL BICCHIERE E LASCIAMOLO CADERE A TERRA. L'ACQUA USCIRÀ DAL FORO DURANTE LA CADUTA?

La risposta è: no, l'acqua uscirà dal foro solo quando il bicchiere toccherà terra. Questo accade perché acqua e bicchiere cadono con la stessa velocità, e quindi non esce liquido durante la caduta.

Si è in caduta libera quando la forza di resistenza dell'aria è uguale all'accelerazione di gravità, quindi:

$$\mathbf{a = -g}$$

Si trova che:

$$\mathbf{v_{caduta} = -gt}$$
$$\mathbf{t = \sqrt{-2s/g}}$$

dove **s** è l'altezza da cui cadiamo.

Se mettiamo un valore a s, troviamo il tempo in cui il nostro moto diventa costante e quindi possiamo ricavare la relativa velocità di caduta.

Caduta libera sulla Luna!

Il giorno 2 agosto 1971, durante la missione Apollo 15, la quarta ad andare sulla Luna (Apollo 11 era stata la prima, Apollo 13 non ci è mai arrivata), l'astronauta David Scott fece cadere contemporaneamente sul suolo lunare un martello e una piuma. Quale dei due arrivò prima al suolo?
La risposta è: arrivarono insieme. Vediamo cosa era successo.
Sulla Terra Galileo dimostrò con un esperimento sulla torre di Pisa, forse più leggendario che vero, che se si buttano due corpi a terra questi arrivano al suolo nello stesso tempo perché sottoposti alla stessa forza di gravità. In realtà, i corpi dovrebbero avere almeno la stessa forma perché se avessero forme diverse,

l'aria offrirebbe loro diversa resistenza che, contrastando la forza di gravità, li farebbe arrivare a terra in tempi diversi: un foglio di carta svolazza, mentre se ben appallottolato va giù dritto. Lo stesso accadrebbe con i due corpi usati da David Scott: il martello andrebbe giù dritto, una piuma svolazzerebbe. **Sulla Luna però non c'è praticamente atmosfera, quindi la forza di gravità agisce davvero allo stesso modo su entrambi**, e quindi i due corpi, anche se diversi, cadono nello stesso tempo. Per avere la stessa situazione sulla Terra dovremmo avere una stanza priva di aria: a quel punto la gravità opererebbe allo stesso modo su tutti i corpi.

Tirare un sasso e calcolare dove cade

Chi pratica tiro con l'arco lo sa bene: per colpire un bersaglio lontano non bisogna tirare dritto, ma far fare una parabola alla freccia. Lo stesso accade nel calcio quando diamo un calcio al pallone, o a chi gioca a pallanuoto (il famoso tiro "a palombella"). Come mai?

Quando lanciamo un oggetto, nel momento in cui questo si stacca da noi, su di lui comincia ad agire la sua forza peso, che tende a riportarlo a terra. Più velocità diamo all'oggetto, nel nostro caso una freccia o un pallone, prima di staccarci da esso, più tempo ci metterà la sua forza peso a vincere (perché la gravità, alla lunga, vince sempre). La somma di queste due componenti di velocità è una parabola: una diretta verso l'alto

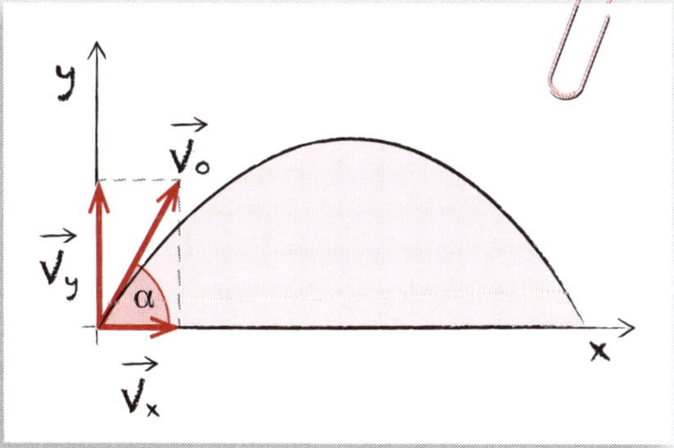

(V_y) e una diretta verso il basso (V_x) che è quella che deriva dall'accelerazione di gravità.
Il moto dell'oggetto è dato dall'equazione della parabola:

$$\begin{cases} x = V_x\, t \\ y = -\,1/2\, gt^2 + V_y\, t \end{cases}$$

dove le due componenti della velocità sono espresse in funzione dell'angolo α.

$$V_x = v \cos \alpha \qquad V_y = v \operatorname{sen} \alpha$$

Come possiamo vedere, l'altezza e la distanza a cui possiamo lanciare il nostro oggetto dipende delle due velocità iniziali V_x e V_y. In particolare, se osserviamo la seconda equazione, vediamo che più alta è la velocità V_y più lontano arriverà lungo l'asse x. Ecco perché bisogna usare molta energia per calciare lontano un pallone o scoccare una freccia. Chi "mangia" terreno al nostro oggetto è la forza di gravità che compare nella componente dell'equazione che ha infatti segno negativo.

LA GITTATA OPPURE CHI LANCIA PIÙ LONTANO?

Cerchiamo di calcolare dove la nostra freccia, o il pallone, toccherà terra quando lo lanciamo dandogli la massima forza possibile, quindi quando si staccherà da noi con una certa velocità iniziale.

La distanza massima dall'origine si chiama **gittata**.
Possiamo risolvere il nostro sistema di equazioni rispetto alla variabile t (tempo) e scoprire che tocca terra per t = 0, ossia prima di lanciare (l'origine degli assi), e per

$$t = (2\ v\ \text{sen}\ \alpha)/g$$

Sostituiamo questo valore nel nostro sistema; la seconda equazione si annulla, infatti a terra y = 0, mentre la prima equazione diventa:

$$x_{terra} = (2\ v^2\ \text{sen}\ \alpha \cos \alpha)/g$$

$$= 2\ (V_y V_x)/g$$

dove le due componenti della velocità sono espresse in funzione dell'angolo α.

$$V_x = v \cos \alpha \qquad V_y = v\ \text{sen}\ \alpha$$

La gittata è massima quando $\alpha = 45°$ (quindi sia cos α sia sen α valgono $\sqrt{2}/2$):

$$x_{max} = v^2 / g$$

In questo caso la resistenza dell'aria è trascurabile, ma non sempre è così. Per esempio, quando lanciamo un aeroplano di carta, l'aria gioca un ruolo fondamentale per il volo dell'oggetto che va costruito con certi criteri se si vuole che voli "dritto".

Se invece che dalla velocità iniziale partiamo dalla distanza massima a cui vogliamo arrivare, per esempio in una gara di tiro al bersaglio, possiamo partire dalla conoscenza di x_{terra} per **calcolare l'angolo per la gittata massima**. L'aspetto più incredibile degli atleti che usano la balistica, per esempio gli arcieri, è che non hanno il tempo di calcolare l'equazione della parabola, la velocità iniziale e l'angolo α, ma fanno tutto istintivamente grazie a ore e ore di esercizio, finché arrivano a "calcolare a occhio" la distanza dal bersaglio e quindi a trovare l'angolo di gittata migliore.

DARE L'EFFETTO ALLA PALLA

Quando si batte una punizione nel gioco del calcio, molti calciatori hanno imparato a usare la resistenza dell'aria per dare un "effetto" al pallone che lo porti a compiere una traiettoria curva per superare la barriera dei giocatori e anche il portiere. Il calciatore colpisce la palla non di punta ma lateralmente, ossia "di taglio": in questo modo imprime una rotazione che determina la (più o meno) accentuata incurvatura della traiettoria che è funzione della velocità di rotazione del pallone stesso.

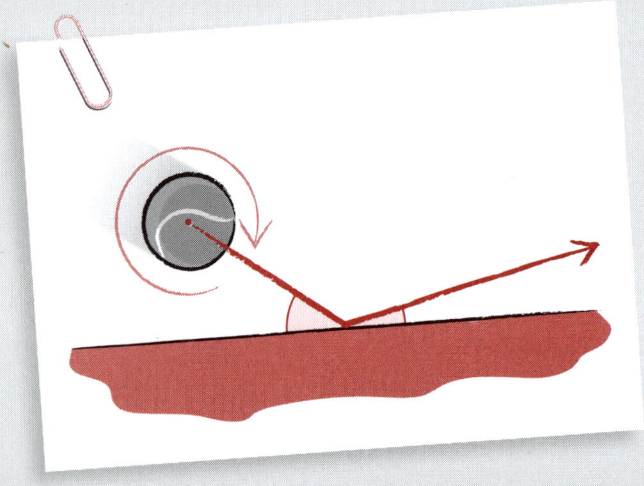

Lo stesso accade nel tennis o nel ping pong quando si esegue un ***topspin*** (o palla arrotata o liftata): si colpisce la palla dal basso verso l'alto con un rapido movimento di polso così da dare un movimento rotatorio dall'alto verso il basso nella direzione del colpo. In questo modo la traiettoria della palla è molto più arcuata verso il basso e l'angolo di rimbalzo è inferiore all'angolo d'incidenza a causa della rotazione (***vedi*** immagine qui sopra). La palla ha quindi una rotazione che rende il controllo molto difficile da parte dell'avversario.

Il responsabile della variazione della traiettoria di un corpo rotante in un fluido in movimento si chiama **effetto Magnus**, dal suo scopritore Heinrich Gustav Magnus (1802-1870).
Nel tennis, maestri del ***topspin*** sono stati Björn Borg e Rafael Nadal, mentre la superficie di gioco dove il ***topspin*** funziona meglio è il cemento.

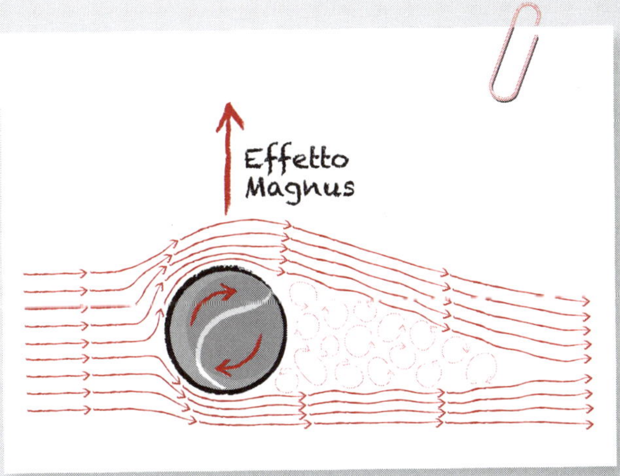

Perché bisogna rallentare in curva?

Quando siamo in macchina e affrontiamo una curva, sentiamo una forza che ci spinge verso l'esterno: è **la forza centrifuga**, ossia una forza che ci porta fuori, lontano dalla curva. Anche questa è una "forza apparente", dato che l'automobile in movimento non si può certo considerare un sistema di riferimento che si muove a velocità uniforme.

Quando affrontiamo una curva, non andiamo fuori strada grazie alla **forza centripeta**, una forza diretta verso il centro della curva che nasce dalla forza di attrito tra la strada e gli pneumatici della macchina e che ci tiene su strada come se fossimo agganciati a una corda. In generale la forza centripeta è una qualunque forza diretta verso il centro di una traiettoria circolare. Nel caso dell'automobile, la traiettoria è quella della curva; se invece leghiamo un filo a un secchio e lo facciamo ruotare, la forza centripeta è generata dalla tensione del filo.

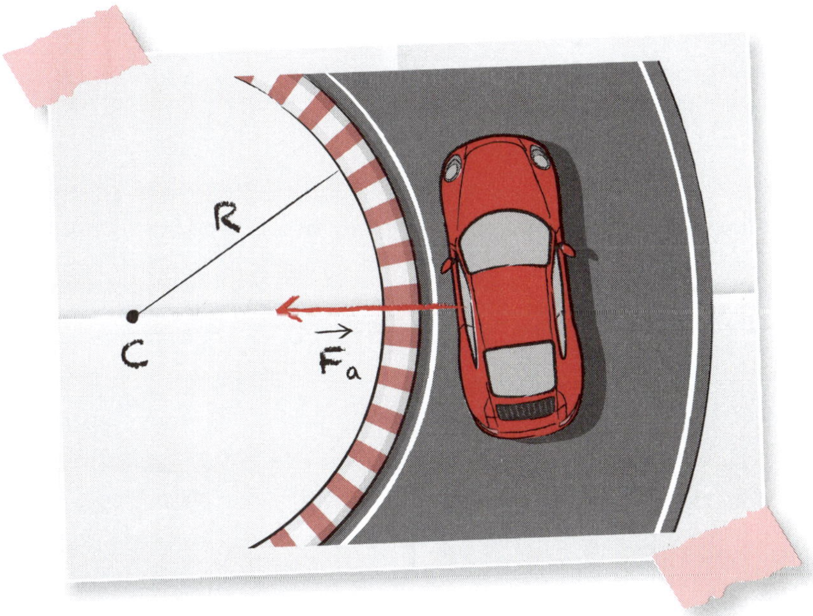

La forza centripeta si può esprimere in due modi. Il primo è:

$$F = m\omega^2 r$$

Dove **m** è la massa dell'oggetto (la nostra automobile), **r** il raggio di curvatura e **ω** la velocità angolare, ossia la velocità con cui percorriamo l'angolo formato tra noi e il centro della curva. Il secondo è:

$$F = mv^2/r$$

Dove **v** è la velocità con cui affrontiamo la curva.

Chi guida sa bene cosa succede quando si affrontano le curve con troppa velocità.
Abbiamo detto che la forza centripeta dipende dalla forza d'attrito, che allora possiamo indicare così

$$F_{attrito} = \mu mg$$

Dove **μ** indica il coefficiente di attrito, **m** è la massa della macchina e **g** la nostra accelerazione di gravità.
Per trovare la velocita massima con cui affrontare la curva senza andare fuori strada uguagliamo le due formule e ricaviamo che:

$$\mu g = v^2/r$$

È un risultato importante che ci dice che la forza centripeta per una traiettoria che ha raggio di curvatura r NON dipende dall'oggetto che esegue la traiettoria ma dalle caratteristiche della traiettoria stessa.
La velocità **v** è allora uguale a: $\sqrt{\mu g r}$

Supponiamo che:

$$r = 15 \text{ m}$$
$$\mu = 1{,}2$$
$$g = 9{,}81 \text{ m/s}^2$$

allora la velocità massima a cui dobbiamo affrontare questa curva è 13,28 m/s ossia 47,8 km all'ora.

Sotto questa velocità possiamo affrontare la curva tranquillamente, sopra questa velocità andiamo fuori strada. Ecco perché conviene affrontare le curve a velocità moderata, indipendentemente dal mezzo.

Un esempio di applicazione della forza centripeta è nel giro della morte delle montagne russe: la velocità del treno varia a seconda dell'altezza, infatti diminuisce man mano che il treno sale fino a raggiungere il minimo nel punto più alto per poi aumentare man mano che scende. Variando in questo modo la sua velocità, il treno non scappa dai binari, grazie alla forza centripeta che lo tiene attaccato ad essi.

Viaggi intorno alla Terra

Il moto dei pianeti intorno al Sole, oppure dei satelliti intorno alla Terra, è dovuto alla forza centripeta che è data dalla forza gravitazionale del Sole, oppure della Terra nel caso dei satelliti. Ma a che velocità si viaggia intorno alla Terra? Dipende da dove ci si trova.

La forza di attrazione esercitata da un corpo celeste decresce col quadrato della distanza in base alla legge di gravitazione universale di Newton, quindi più in alto viene immesso un satellite, minore sarà la velocità orbitale necessaria per farlo stare in orbita.

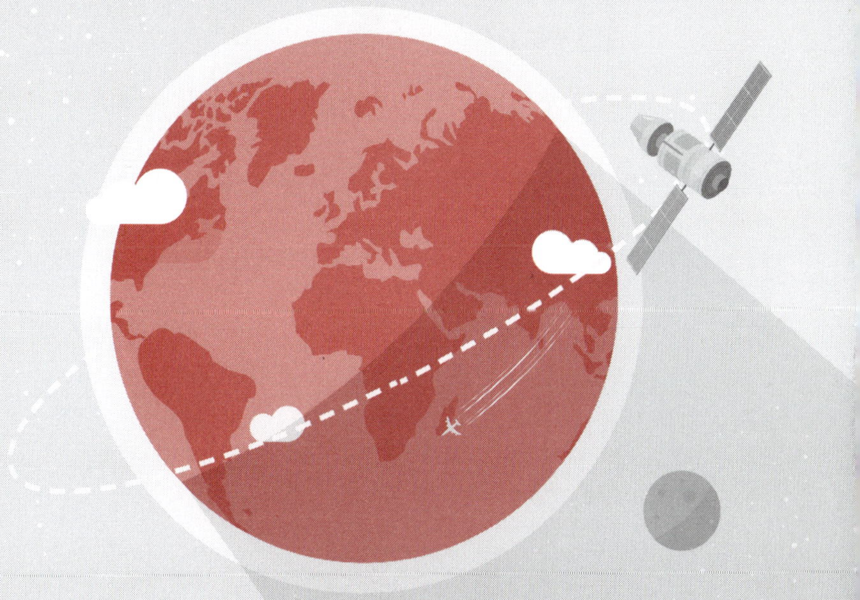

Per esempio, la ISS, la Stazione Spaziale Internazionale, viaggia intorno alla Terra a una velocità di 7,66 km/s, ossia più di 27.000 km/h, perché si trova su un'orbita bassa: quasi 400 km di altezza (detta LEO, ***Low Earth Orbit***, «orbita terrestre bassa»). Il suo moto potrebbe continuare all'infinito se gli impatti con le particelle dello spazio e dei rottami dei satelliti in orbita non la frenassero lentamente. Per non uscire dalla sua orbita, la ISS si dà delle piccole e brevi spinte con propulsori di assetto orbitale.
A 5.000 km di altezza la velocità orbitale per i satelliti scende invece a 21.000 km/h.

Invece, più alta è l'orbita, maggiore è il tempo impiegato per compiere un giro completo attorno alla Terra (detto anche **periodo orbitale**). Il periodo orbitale della ISS è di circa 90 minuti, mentre un satellite a 5.000 km di altezza impiega 200 minuti. Tra i 2.000 e i 36.000 km di altezza si parla invece di orbita MEO, ***Medium Earth Orbit***, dove si trovano molti satelliti. C'è da dire che più in alto si vuole mandare un satellite, più potente dovrà essere il missile da impiegare. Tuttavia, anziché mandare il satellite nell'orbita prestabilita, si può dividere il viaggio in due fasi. La prima fase consiste nell'immettere il satellite in un'orbita ellittica bassa. Poi, quando il satellite si trova all'apogeo, cioè nel punto più distante della Terra, e subisce una minore forza attrattiva, si procede all'accensione di un piccolo propulsore che lo porta nell'orbita più alta.

L'ORBITA GEOSTAZIONARIA

L'avrete sentita nominare molte volte: è un'orbita particolare che si trova a 36.000 km d'altezza. Un satellite che vi si trova appare immobile rispetto a un certo punto geografico, perché il suo periodo orbitale dura 24 ore e coincide con il periodo di rotazione della Terra attorno al proprio asse. Per questo quest'orbita è detta **sincrona** o **geostazionaria**, ed è molto "popolata" da satelliti meteorologici, militari, per telecomunicazioni ecc.

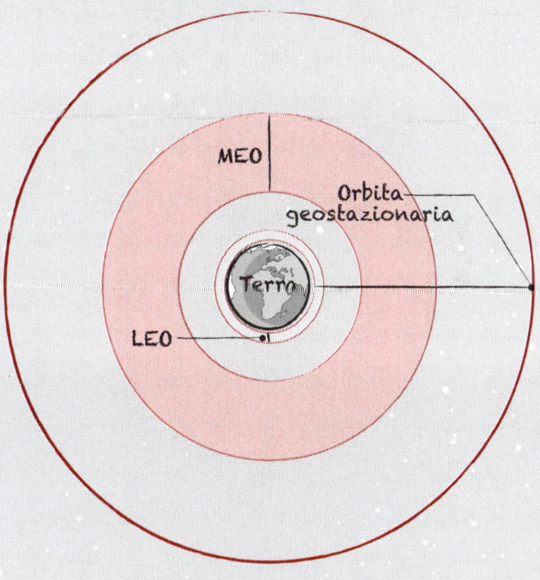

NOTIZIE VARIE SUI SATELLITI

Il primo satellite artificiale fu lo Sputnik (parola che in russo significa appunto «satellite»), lanciato dai russi il 4 ottobre 1957: era una sfera con quattro antenne. Da quel momento ne sono stati immessi in orbita diverse migliaia. A oggi si sono più di 14 mila i satelliti che girano intorno alla Terra, di cui il 78% non sono più in funzione, ma sono solo rifiuti che navigano intorno al nostro pianeta e ci danno un'idea immediata di quanto sia affollato lo spazio.
Se poi si considerano come satelliti anche gli ultimi stadi dei razzi vettori e altri rottami rimasti a orbitare attorno alla Terra, il numero degli oggetti artificiali nello spazio è di decine di migliaia di pezzi, tanto che si

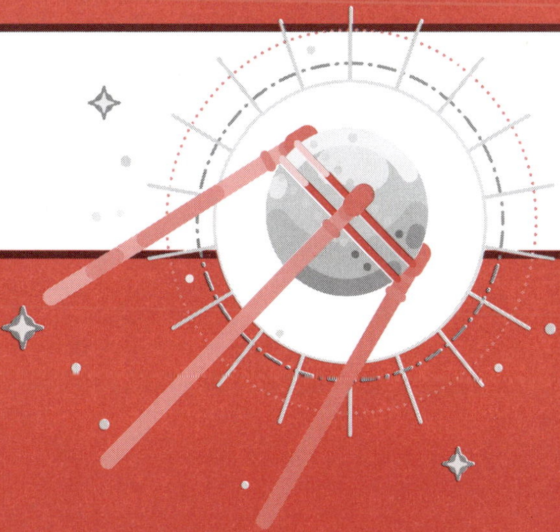

parla di **inquinamento orbitale**, che costituisce una potenziale fonte di catastrofici impatti per gli altri satelliti oltre che per la Stazione Spaziale Internazionale. Quando un satellite o un frammento perdono lentamente quota si tuffano nell'atmosfera terrestre e si disintegrano totalmente o parzialmente. Alcuni frammenti possono arrivare al suolo come se fossero meteoriti ed essere recuperati. Il film ***Fino alla fine del mondo*** (1991) del regista tedesco Wim Wenders inizia proprio con la caduta di un satellite sulla Terra che semina il panico (senza alcun motivo) nella popolazione.

ISAAC NEWTON (1642-1727)

Dire che Isaac Newton è stato uno dei più grandi scienziati della storia umana è riduttivo. Tutto in lui è ai massimi livelli, anche il suo carattere, uno dei più duri e spigolosi che si ricordino.

Vediamo qualcuna delle sue scoperte. Newton fu il primo a dimostrare che le medesime leggi della natura governano il movimento della Terra e degli altri corpi celesti, come ha dimostrato con la legge di gravitazione universale che ha permesso di dimostrare matematicamente le leggi di Keplero sul movimento dei pianeti e l'affermarsi della teoria eliocentrica. Generalizzò queste stesse leggi intuendo che le orbite potevano essere non solo ellittiche, ma anche iperboliche e paraboliche come, per esempio, quelle delle comete.

Sono di Newton anche le tre leggi della dinamica sulle quali si fonda la meccanica classica e che sono state il punto di partenza per Einstein per ideare la sua teoria della relatività. In campo matematico, condivise con (l'odiato) Gottfried Wilhelm Leibniz (1646-1716) la paternità dello sviluppo del calcolo differenziale o infinitesimale, ossia quello delle derivate e integrali, che si usano ancora oggi in molti calcoli.
Newton fu anche il primo a dimostrare che la luce bianca è composta dalla somma di tutti gli altri colori grazie all'uso dei prismi, con cui separò i vari tipi di luce. Già che c'era buttò anche l'ipotesi che la luce fosse composta da particelle, dando vita alla teoria corpuscolare della luce, in contrapposizione alla teoria ondulatoria della luce, che trovò conferme all'inizio del XX secolo con la scoperta del fotone da parte di Max Planck nel 1900 e Albert Einstein nel 1905. La sua cattedra di matematica a Cambridge è stata tenuta da Stephen Hawking dal 1979 al 2009.

CITAZIONI E SPIGOLATURE SU NEWTON

«Se ho visto più lontano, è perché stavo sulle spalle di giganti.»

«La verità si ritrova sempre nella semplicità, e non nella complessità e confusione delle cose.»

«Ciò che sappiamo è una goccia, ciò che ignoriamo è un oceano.»

Isaac Newton
(1642-1727)

«La natura e le leggi della natura giacevano nascoste nella notte; Dio disse: "Che Newton sia!", e luce fu.»

Alexander Pope
(1688-1744)

Soluzione in una notte!

Nel 1697 Newton affrontò il problema della brachistocrona, ossia del calcolo della curva che verifica il principio di Fermat, o "principio di minor tempo", ossia che «di tutti i possibili cammini che un raggio di luce può percorrere per andare da un punto a un altro, esso segue il cammino che richiede il tempo più breve». Nel 1696 il matematico svizzero Johan Bernoulli aveva sfidato tutti i matematici d'Europa a trovare questa curva. Newton risolse il problema in una notte e inviò la risposta non firmata, ma Bernoulli riconobbe immediatamente l'autore della soluzione.

Un fisico banchiere!

Newton divenne direttore della Zecca di Stato inglese nel 1699: doveva essere un incarico solo formale, invece ne approfittò per riformare il sistema monetario stabilendo un cambio fisso tra la sterlina e l'oncia d'oro, elaborare dei metodi per aumentare la produttività della zecca e, infine, avere un maggior controllo della quantità d'oro e argento nelle monete coniate.

DUE LIBRI

— ISAAC NEWTON INDAGA —

Non poteva mancare anche il lavoro di investigatore per Newton! È così che lo immagina il romanziere scozzese Philip Kerr nel romanzo ***Dark matter*** (2002), nel quale il grande scienziato inglese si trova ad affrontare una serie di misteriosi omicidi legati a messaggi in codice e a simboli alchemici durante il suo periodo come direttore della Zecca inglese. Narratore del romanzo è il giovane Christopher Ellis, aiutante del navigato scienziato: una coppia narrativa che, visti il tipo di intrigo e le citazioni colte, è un omaggio a quella formata da Guglielmo da Baskerville e Adso da Melk creata da Umberto Eco nel 1980 per il suo famosissimo romanzo ***Il nome della rosa***.

SU NEWTON

LE FRECCE DELL'AMORE DI NEWTON

Della vita privata di Isaac Newton non sappiamo nulla. Non si è mai sposato e, molto probabilmente, non ha mai avuto una relazione amorosa. È quindi molto ironico che lo scrittore irlandese John Banville lo usi come messaggero d'amore per il protagonista di questo romanzo, uno scrittore in crisi alle prese da anni con una biografia di (guarda caso) Newton, che si trova innamorato di due donne contemporaneamente che rappresentano due volti dell'amore. Insieme ai già citati ***La notte di Keplero*** e ***La musica segreta*** (su Copernico), ***La lettera di Newton*** chiude un'ideale trilogia con protagonisti tre dei più grandi scienziati della storia.

Perché i pattinatori ruotano e si sta in piedi sulla bicicletta?

Quando vediamo una gara di tuffi o una gara di pattinaggio, vediamo gli atleti che cominciano a ruotare prima a braccia aperte, poi le richiudono e vanno sempre più veloci. Com'è possibile?
È possibile per la conservazione del momento angolare. Vediamo come funziona.
Il **momento** di una forza è l'applicazione della forza a una certa distanza da un dato punto. Per esempio, quando apriamo la porta di solito applichiamo la nostra forza a una certa distanza dai cardini: in quel caso il momento è dato dal prodotto della forza per la distanza dal punto di applicazione. Come la forza, il **momento ha una direzione e un verso** che è però perpendicolare a quello della forza a cui si riferisce.
Questo momento si conserva nel tempo, ossia non varia, se il momento di tutte le forze che agisce su un corpo è nullo. Prendiamo una ruota di bicicletta in rotazione, ossia mentre pedaliamo. Su di essa agisce solo la sua forza peso, che diretta verso il basso è equilibrata dalla strada e si applica nel centro della ruota. Quindi la somma delle forze esterne che agiscono sulla ruota è nullo e si conserva il momento della forza che fa girare la ruota. Questo significa che mentre si pedala la ruota tende a mantenere invariato il piano in cui ruota, ossia tende a stare dritta: ecco perché possiamo andare in bicicletta.

IL GIROSCOPIO

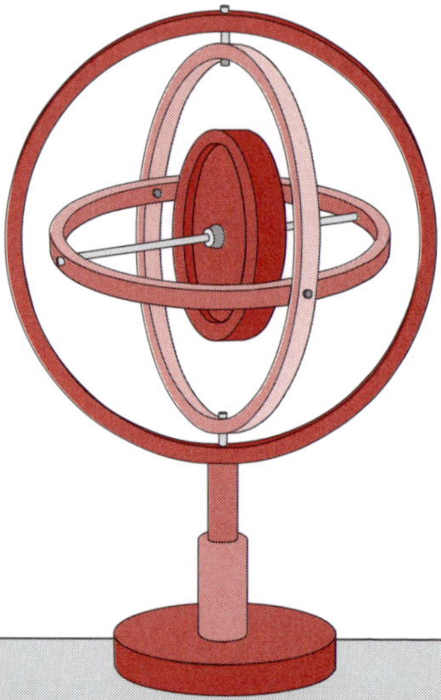

Lo stesso accade con la trottola: solo che ruota su un piano orizzontale. Una trottola molto particolare è il giroscopio: una volta posto in rotazione tende a mantenere fisso il suo asse di rotazione e, come le trottole, se percosso tende a tornare alla posizione di partenza. I giroscopi permettono alle bussole di indicare il nord anche quando la nave è in moto, oppure di stare in equilibrio in un segway: all'interno del mezzo ci sono tre giroscopi in rotazione, uno per asse coordinato, che, interrogati dal computer di bordo, permettono di indicare al mezzo le istruzioni per stare in piedi.

COME FANNO GLI ATLETI A RUOTARE?

I pattinatori sul ghiaccio hanno come forza esterna solo la forza peso, equilibrata dalla superficie di ghiaccio. Quando ruotano, si conserva il momento angolare diretto verso l'alto, perpendicolare alla pista. La rotazione comincia a braccia aperte, quindi la distanza dal corpo è massima e il momento è dato dal prodotto della velocità di rotazione per l'inerzia del corpo, ossia dal prodotto tra la massa del corpo e la distanza del punto di applicazione della forza, in pratica dalla distribuzione della massa intorno all'asse di rotazione. Quando l'atleta chiude le braccia, la distanza del punto di applicazione diminuisce e, di conseguenza, aumenta la velocità di rotazione. Per ruotare in aria un tuffatore fa lo stesso movimento del pattinatore, solo in un piano orizzontale rispetto alla piscina: prima di saltare si dà uno slancio che lo mette in rotazione e poi chiude le braccia per aumentare la rotazione.

PROVATE A CASA!

Se a casa avete una sedia rotante potete provare a sedervi e ruotare con le braccia prima aperte e poi chiuse: a braccia aperte il vostro momento d'inerzia aumenta (la massa si distribuisce più lontano dall'asse di rotazione) e girate più piano rispetto a quando avete le braccia strette al petto.

IN PRATICA

Ecco uno "scherzo" immaginario che gira nel mondo dei fisici. Un professore in vacanza in albergo chiamò un facchino per farsi portare la sua pesante valigia. Quando il facchino tentò di girare nel corridoio, la valigia si rifiutò di girare. Il facchino si spaventò, lasciò la valigia "posseduta" e scappò via. Cosa era successo?

La storia dice che il professore aveva messo nella valigia una trottola molto pesante in rotazione (come abbia fatto è la parte difficile). Il facchino aveva sollevato la valigia ma quando è stato il momento di girare, la conservazione del momento angolare della trottola si era opposto alla variazione del moto: ecco spiegata la valigia stregata!

A cosa serve la sbarra degli equilibristi che camminano su una corda?

Quando camminiamo su un filo, il nostro centro di massa, ossia il punto dove si concentra la nostra forza peso, deve stare esattamente sopra la corda, altrimenti cadiamo. Quando ci incliniamo in una direzione, per recuperare l'equilibrio dobbiamo piegarci nella direzione opposta per compensare la deviazione. È un'azione da fare in fretta, altrimenti il nostro peso ci trascina e ci fa cadere dalla corda. Una sbarra pesante aiuta a tenere il centro di massa complessivo corpo+sbarra sopra la corda: se il nostro corpo si inclina a destra (o sinistra), basta spostare di poco la sbarra a sinistra (a destra) e recuperiamo l'equilibrio. Se la sbarra fosse leggera, dovremmo fare un movimento più ampio, impiegando più tempo e quindi aumentando la probabilità di cadere dalla corda.

IN PRATICA

In alcuni film vediamo delle persone cavalcare un toro meccanico per gioco. Molti tengono un braccio in alto e con l'altro si reggono. Non converrebbe tenersi con tutte e due le mani invece di salutare il pubblico?
In realtà no, conviene tenere una mano alzata, ma non per salutare il pubblico quanto per (provare a) tenersi in equilibrio. Se ci teniamo con due mani, dovremo usare tutti i muscoli del nostro corpo per contrastare il movimento del toro meccanico che tende a disarcionarci con le sue rotazioni e i suoi spostamenti. Se invece teniamo un braccio alzato, questo arto si allontana dal centro di massa e contrasta più facilmente le rotazioni del corpo muovendolo in direzione opposta a quella a cui il toro ci costringe. Quindi i partecipanti a questo "rodeo" non salutano, ma istintivamente si oppongono al moto del toro meccanico.

Un problema con le uova.
Marco ha due uova, uno è sodo e l'altro è crudo e chiede a Emma di distinguerli senza aprirli. Emma ci pensa un attimo, poi fa girare su sé stesso prima un uovo e poi l'altro, e infine li riconosce senza errori.
Come ha fatto Emma a distinguere le due uova?

Emma ha fatto girare le due uova e ha osservato la rotazione: quelle crude ruotano in modo irregolare perché hanno il liquido all'interno che si oppone al moto di rotazione. L'uovo sodo è invece completamente rigido e se fatto girare molto velocemente si comporta come una trottola.

Come funzionano le macchine: il primo principio della termodinamica

Quando scendiamo dalla nostra automobile e tocchiamo il cofano sotto il quale c'è il motore, possiamo sentire del calore. In pratica, se vogliamo azionare una qualche macchina, dobbiamo spendere più energia di quella che occorre a farla muovere. Può esistere una macchina che non solo sfrutti tutta l'energia che le forniamo ma anche che ne restituisca di più?
La risposta è no, perché l'energia si conserva, come descrive il **primo principio della termodinamica**, ossia di quella parte della scienza che studia il calore (ossia l'energia) e come si trasforma.

Il primo principio ci dice che se quando forniamo energia a un corpo o a una macchina, la variazione di energia del corpo o della macchina (ΔU) è pari alla differenza tra il calore assorbito dalla macchina (Q) e il lavoro compiuto sulla macchina (W):

$$\Delta U = Q - W$$

Per esempio, se vogliamo azionare i pistoni di un'automobile, dobbiamo bruciare una miscela di benzina e aria nei cilindri e questo produce calore. Parte di questo calore fa aumentare di volume l'aria che, diventata calda, si dilata e spinge così i cilindri che provocano il movimento delle ruote. Il restante calore si disperde nel motore, che si scalda. Poi i cilindri tornano in posizione, spingono fuori l'aria ormai fredda e ricomincia il ciclo.

JAMES PRESCOTT JOULE

JAMES PRESCOTT JOULE (1818-1889)

È un fisico inglese a cui dobbiamo molte cose. Per esempio ha dimostrato il principio noto come "equivalente meccanico del calore", ossia che calore e lavoro meccanico potevano convertirsi direttamente l'uno nell'altro, mantenendo costante il loro valore complessivo. Nel 1845 costruì il cosiddetto "mulinello di Joule", che consente di misurare il calore prodotto data una quantità nota di energia meccanica generata azionando il mulinello. Questa macchina è formata da un calorimetro, ossia un contenitore dotato di termometro che permette di misurare la temperatura, che contiene acqua e che misura la variazione di temperatura dell'acqua durante l'esperimento. Joule provò che per fornire una quantità di calore all'acqua pari a una caloria occorrono circa 4,41 J di lavoro. Il valore dell'equivalente meccanico della caloria oggi accettato è di 4,186 J/cal e in onore dello scienziato si chiama joule (J) l'unità di misura dell'energia.

Questo principio è alla base delle macchine idrauliche e meccaniche dove gli attriti delle pale trasformano la potenza meccanica perduta (lavoro) in calore e, viceversa, nelle macchine termiche dove l'effetto meccanico prodotto (lavoro) deriva da una quantità equivalente di calore. Da questo esperimento Joule cominciò a porre le basi sperimentali del primo principio della termodinamica.

Come funziona il frigorifero: il secondo principio della termodinamica

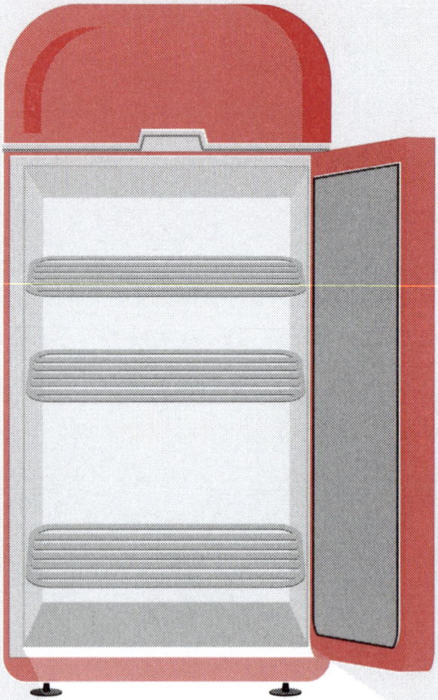

Il freddo è il sistema di conservazione più antico a disposizione dell'uomo; se usato con le giuste istruzioni, conserva al meglio le caratteristiche degli alimenti. Da sempre l'uomo ha creato delle stanze fresche e riparate, come per esempio le cantine, dove conservare i cibi quando non era possibile usare direttamente il ghiaccio. "Creare" il freddo ha richiesto secoli di lavoro, culminati con la costruzione del frigorifero nel 1851 dall'americano John Gorrie, poi perfezionato da scienziati di tutto il mondo.

Il frigorifero opera scambiando calore: lo toglie dall'interno dell'apparecchio (prelevandolo dagli alimenti conservati) e lo butta all'esterno. Basta mettere una mano dietro di esso per sentire una corrente calda che esce. Come avviene tutto ciò? Grazie al **secondo principio della termodinamica**. Il secondo principio della termodinamica ci dice che "è impossibile realizzare una trasformazione fisica il cui **unico** risultato sia quello di far passare calore da un corpo più freddo a uno più caldo senza l'apporto di lavoro esterno". Attenzione all'aggettivo "unico": il concetto è tutto lì.

Il rendimento di una macchina

L'esperienza, ma anche la scienza, ci dice che il calore passa sempre da un copro più caldo a uno più freddo. Questo significa che l'azione di togliere calore da un corpo più freddo (l'interno del frigo) per passarlo a uno più caldo (la cucina dove il frigorifero si trova) non può avvenire da sola (ossia "l'unico risultato" citato nel teorema) ma c'è bisogno di energia dall'esterno (la corrente elettrica) che compie un lavoro sul frigorifero, ossia fornisce l'energia necessaria a operare questa trasformazione.

In pratica, se vogliamo costruire una macchina che vada in direzione opposta a quella descritta dal secondo principio della termodinamica, dobbiamo fornire dell'energia al nostro sistema, ossia dobbiamo "spendere qualcosa".

Questo ci permette di calcolare il rendimento di una macchina: è dato dal rapporto tra il lavoro prodotto dalla macchina e la quantità di calore che forniamo (detto "calore fornito") per compiere quel lavoro.

Rendimento = Lavoro / Calore fornito

Quando una macchina produce lavoro contemporaneamente si scalda. Quindi una parte del calore fornito si trasforma in lavoro e una parte in calore che si disperde intorno. Quindi il rapporto Lavoro/Calore fornito è sempre minore di 1, ossia il rendimento è compreso tra 0 e 1, e non è **mai** uguale a 1 e **mai** va sotto lo 0.

Il frigorifero da vicino

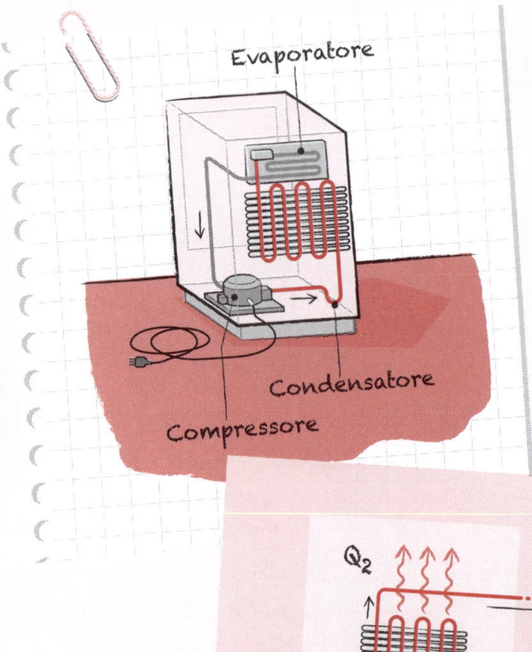

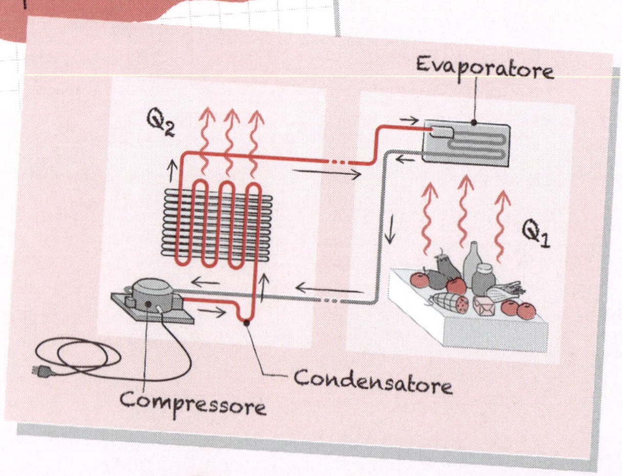

Per togliere calore agli alimenti, e quindi conservarli, si usa un corpo più freddo, ossia un liquido speciale (ieri il freon, oggi dei gas meno nocivi per l'atmosfera) che gira in un sistema di tubazioni, detto serpentina, posto nel retro dell'apparecchio. Il liquido viene spinto da un motore (compressore) nella serpentina da dove "ruba" calore dagli alimenti (Q_1): questo calore lo fa passare dallo stato liquido a quello di gas. Quest'ultimo viene spinto dalla serpentina al condensatore, un apparecchio che, come dice il nome, lo "condensa" di nuovo in liquido liberando calore che viene buttato fuori dall'apparecchio (Q_2). I frigoriferi sono staccati dalle pareti per permettere al calore di disperdersi nell'aria. Regolando il processo liquido-gas-liquido è possibile ottenere diverse temperature all'interno del frigorifero: l'apparecchio con cui si scelgono le temperature è il termostato. Oggi è anche possibile regolare le diverse parti del frigorifero con diverse temperature a seconda degli alimenti presenti.

Perché non uso il frigorifero per raffreddare la stanza?

Il calore che esce da dietro il frigorifero è maggiore di quello estratto dal suo interno. Il motivo è semplice: il frigo cede all'ambiente sia il calore estratto, sia la quantità di calore che deriva dal lavoro compiuto dal motore del frigorifero. Se teniamo lo sportello aperto, il motore è costretto a lavorare di più per estrarre calore dato che ora il volume da cui lo deve togliere è maggiore! La serpentina è costruita per funzionare al meglio solo nell'ambiente ristretto dell'apparecchio, quindi non solo non raffreddiamo la stanza, ma spediamo più energia (quindi bolletta più alta) e rischiamo di rompere il motore: per ricordarci di chiudere lo sportello, alcuni frigoriferi sono dotati di un piccolo allarme.

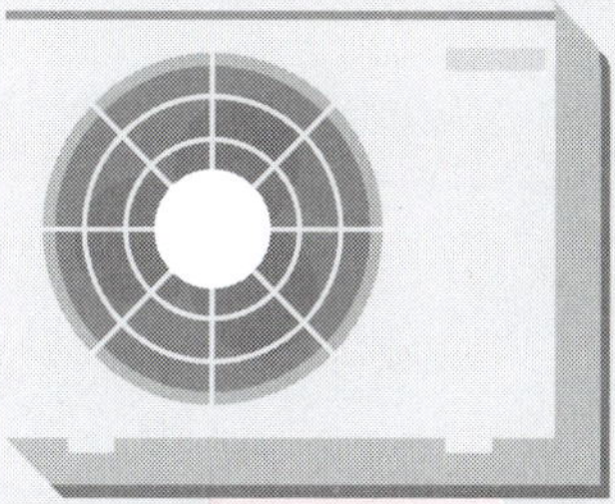

IL CONDIZIONATORE

Se vogliamo raffreddare una stanza, o anche più di una, usiamo un "frigorifero" molto particolare: il condizionatore. Rispetto al frigorifero, la camera da raffreddare è la nostra casa e l'ambiente in cui riversa il calore estratto è il mondo al di fuori. Il motore è posto all'esterno della casa perché deve espellere una grande quantità di calore. Il raffreddamento avviene usando l'acqua, tratta da una serpentina interna oppure, come accade nelle macchine più piccole, l'aria proveniente dall'esterno.

L'efficienza di un frigorifero e di un condizionatore

L'efficienza di un frigorifero o di un condizionatore, ossia la sua capacità di raffreddare consumando il meno possibile, è calcolata dal coefficiente di prestazione (COP, ***coefficient of perfomance***):

COP = Q / W

Dove **Q** è il calore assorbito dall'interno del frigorifero, e **W** è l'energia necessaria per estrarlo.

I valori tipici COP di un frigorifero sono tra 2 e 6: più è alto, migliore è la prestazione e minori i consumi.
Il COP lo possiamo anche esprimere in base a due tempera ture, **T_1**, che è la temperatura all'interno del frigorifero (di casa nostra se parliamo di un condizionatore), e **T_2** che è la temperatura all'esterno:

$$\mathbf{COP = T_1 / (T_2 - T_1)}$$

Quindi l'efficienza di un frigorifero e di un condizionatore è tanto maggiore quanto è più piccola la differenza tra le temperature esterna e interna: ecco perché quando fa molto caldo i condizionatori fanno "fatica" a lavorare.

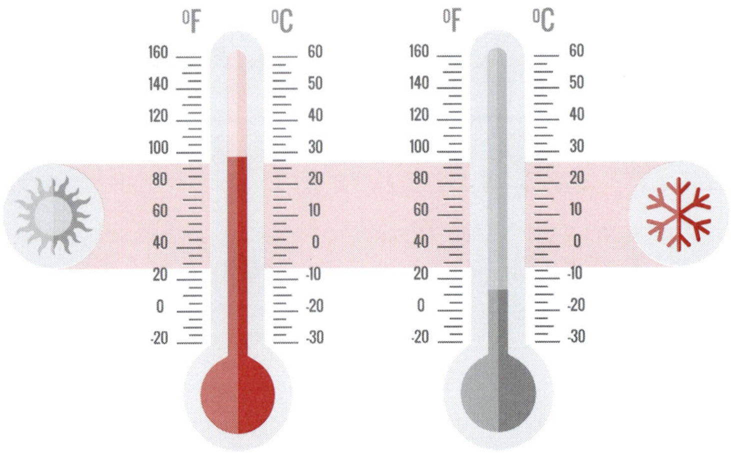

LA POMPA DI CALORE

Quando fa freddo possiamo invertire il ciclo del condizionatore e trasformarlo in una pompa di calore, ossia una macchina che assorbe il calore dall'esterno e poi scarica all'interno delle nostre case il calore ricavato. Le nostre stanze ricevono così un calore dato dalla somma del calore che la pompa preleva dall'esterno e di quello che sviluppa il motore per estrarlo.
Il coefficiente di guadagno **K** della nostra pompa di calore è:

K = calore estratto dall'esterno / lavoro del motore

Una buona pompa di calore ha un coefficiente di guadagno pari a 5 o 6, ossia produce un calore che è 5 o 6 volte maggiore la quantità di energia consumata e pagata nella bolletta elettrica.

SURGELAZIONE O CONGELAMENTO?

Spesso c'è confusione nell'uso di questi due termini. Nella **surgelazione** gli alimenti sono portati in maniera **rapidissima** a una temperatura inferiore ai −18 °C. In questo modo l'acqua contenuta nei cibi si gela formando cristalli di ghiaccio molto piccoli che non alterano le fibre animali e vegetali. Vitamine, proteine e sali sono praticamente inalterati. La surgelazione blocca l'attività dei batteri e degli enzimi che favoriscono la decomposizione degli alimenti. Questa tecnica si usa nei trasporti degli alimenti a lunga distanza e nei supermercati.

La **congelazione** consiste nel portare un alimento a una temperatura inferiore a −18 °C ma in maniera molto **più lenta**, ed è quella usata nei freezer di casa. Con la congelazione si formano grossi cristalli di ghiaccio che possono forare gli alimenti. Si deve evitare di ricongelare alimenti già scongelati e nei quali è quindi ripartito il processo di decomposizione di batteri ed enzimi.

Secondo principio della termodinamica e fine dell'universo

Molte volte veniamo rimproverati perché lasciamo le cose in disordine. Ma che cos'è questo disordine? È un cambiamento di stato: di solito i libri stanno sugli scaffali per essere ritrovati, se li lasciamo in giro e poi li riordiniamo, abbiamo speso energia sia per sparpagliarli, sia per rimetterli ordine. In entrambi i casi compiamo un lavoro e consumiamo più energia di quella necessaria a compiere i due lavori.

Questo cambiamento di stato lo possiamo esprimere con una variabile chiamata **entropia** con la quale possiamo riscrivere il secondo principio della termodinamica in questo modo: "l'evoluzione spontanea di un sistema porta il sistema a uno stato di equilibrio che corrisponde al massimo aumento dell'entropia". Questa evoluzione è irreversibile e corrisponde sempre a un aumento di entropia. Questo teorema è noto come teorema di Clausius, in onore del fisico svizzero Rudolf Clausius (1822 -1888) che l'ha scoperto.

L'entropia di un sistema è così legata al calore disperso, ossia inutilizzabile, che si produce quando si compie un lavoro su quel sistema, oppure quando il sistema evolve perché compie un lavoro su sé stesso: in entrambi i casi l'entropia aumenta perché la quantità di energia utilizzabile si trasforma, pian piano, in calore disperso nell'universo.

E cosa succederà a lungo andare, tipo tra qualche miliardo di anni? Chi ci dice che, in un futuro molto lontano, tutte le energie non degraderanno a calore inutilizzabile, tutte le stelle non si spegneranno e l'universo non diventerà un luogo freddo? Questo scenario è la cosiddetta "morte termica dell'universo". Ma accadrà, appunto, tra miliardi e miliardi di anni.

LA SECONDA LEGGE DELLA TERMODINAMICA IN MUSICA

Nel 2012, il gruppo musicale inglese dei Muse ha composto un disco intitolato *The 2nd Law*, dedicato appunto alla seconda legge della termodinamica. Due sono le canzoni dedicate a questo principio: *The 2nd Law: Unsustainable* e *The 2nd Law: Isolated System* per criticare il sistema capitalistico in cui viviamo.

LA SECONDA LEGGE: INSOSTENIBILE

Tutti i processi naturali e tecnologici procedono
in modo che tutta la disponibilità dell'energia
rimanente, diminuisce.
In tutti gli scambi di energia, se non c'è energia
che entri o esca da un sistema isolato, l'entropia
del sistema aumenta.
L'energia fluisce continuamente, dall'essere
concentrata diventa dispersa, si distribuisce,
si spreca e diviene inutile.

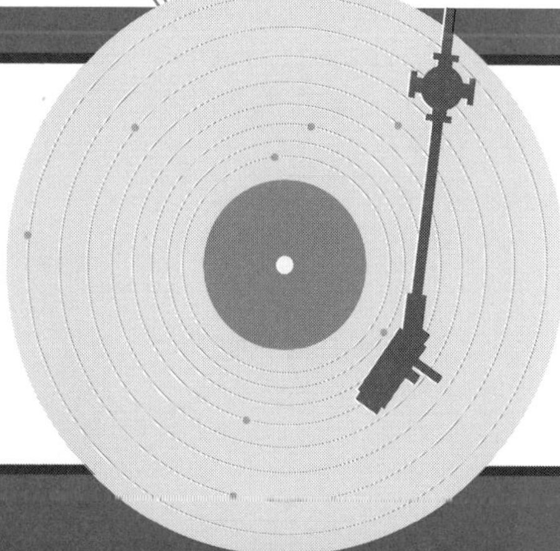

Non può essere creata nuova energia e l'energia
di alto livello viene distrutta. Un'economia
basata su una crescita infinita è...
Insostenibile
Siete insostenibili
Le leggi fondamentali della termodinamica
porranno dei limiti fissati all'innovazione
tecnologica e al progresso umano.
In un sistema isolato l'entropia può solo aumentare.
Una specie predisposta alla crescita infinita è...
Insostenibile
Siete insostenibili

La seconda canzone contiene solo il ritornello:
In un sistema isolato l'entropia
può solo aumentare.

Entropia e freccia del tempo

Come facciamo a sapere se il tempo va avanti? Grazie al secondo principio della termodinamica e all'entropia. Una spiegazione ce l'ha data il fisico austriaco **Ludwig Boltzmann** (1844-1906) che ha definito l'entropia come la quantità fisica capace di misurare il disordine della natura. Nei processi spontanei l'entropia aumenta sempre e quindi misurandola è possibile capire come gli eventi si susseguono: in pratica, ci indica in che direzione va la freccia del tempo.

Le leggi della fisica sono tutte "reversibili" rispetto al tempo: possiamo filmare una tazza che cade e si rompe. Se mandiamo indietro il nastro, la ricomposizione della tazza non viola nessuna legge fisica. O meglio, ne viola una sola: la seconda legge della termodinamica. La tazza integra è più ordinata, ossia ha minore entropia, di quella rotta, che ha maggiore entropia. Lo stesso accade per tutti i sistemi dell'universo. Per questo si dice che

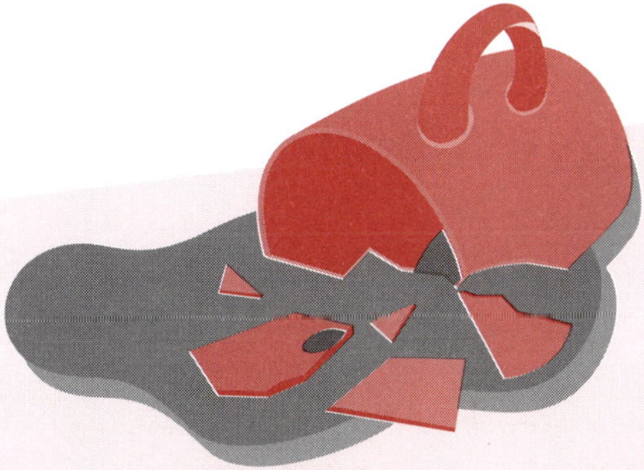

i fenomeni naturali sono irreversibili, cioè non tornano indietro spontaneamente, e questo aumento dell'entropia ci permette di stabilire il verso della freccia del tempo.
Boltzmann descrisse questo stato con un'equazione che porta il suo nome e che ci dice come si può trasformare un qualunque sistema e quali siano gli stati più probabili:

$$S = k \ln W$$

Dove **S** è l'entropia del sistema, **k** è la costante di Boltzmann, **W** gli stati che il sistema può assumere (ln significa "logaritmo naturale").
Infine, Boltzmann disse anche che la tazzina rotta si può ricomporre, ma, se si considera il sistema nel suo insieme, la probabilità che questo avvenga è così vicina allo zero da essere altamente improbabile.

L'irraggiamento e l'effetto serra

Una delle applicazioni della termodinamica è la scoperta dell'effetto serra, che è il responsabile del riscaldamento dell'atmosfera grazie all'assorbimento ed emissione di calore di alcuni gas, detti **gas serra**.

Fu scoperto alla fine del XVIII secolo dal fisico francese Jean-Baptiste-Joseph Fourier il quale aveva capito che qualcosa non tornava nella temperatura della Terra: era troppo alta. Il nostro pianeta riceve dal Sole l'energia che lo scalda: una parte viene assorbita dalla superficie, e una parte viene riflessa indietro nell'atmosfera e poi nello spazio. Usando la termodinamica, Fourier aveva scoperto che, al netto tra l'energia assorbita e quella riflessa, la temperatura media della Terra (considerando anche i due poli, i tropici e l'equatore) doveva essere di −17 °C, quindi impossibile per la formazione della vita, e non di 14 °C come invece risultava. Per Fourier fu subito chiaro che questa differenza di temperatura poteva essere dovuta solo alla presenza dell'atmosfera che agisce come i vetri di una serra, permettendo così di trattenere il calore e avere una maggiore temperatura al suolo. Questo effetto fu chiamato "effetto serra", in analogia alle serre in cui si coltivavano già allora i fiori. Il problema è che oggi le attività umane hanno aumentato il livello di gas serra nell'atmosfera portando a un riscaldamento incontrollato del nostro pianeta.

A definire la **legge dell'irraggiamento** fu invece Ludwig Boltzmann insieme a Josef Stefan (1835-1893) e per questo è detta legge di Stefan-Boltzmann. Essa lega la quantità di calore irradiata da un corpo con la sua temperatura:

$$q = \sigma \times T^4$$

dove **q** è la quantità di calore, **T** e la temperatura e **σ** è la costante di Stefan-Boltzmann.

La scienza del caffè

Immancabile protagonista della nostra vita è il caffè, preparato di solito con la caffettiera, o moka, inventata da **Alfonso e Renato Bialetti** nel 1933, un vero concentrato di fisica.

La moka è composta di tre parti: la caldaia, il filtro e la camera che ospita il caffè. Nel filtro si mette la polvere di caffè, nella caldaia l'acqua. In quest'ultima l'acqua viene riscaldata finché il vapore acqueo che si crea all'interno vince la pressione del liquido. La valvola che si trova all'esterno della caldaia permette al vapore in eccesso si fuoriuscire, impedendo così lo scoppio della caffettiera. A questo punto il vapore riesce a spingere il liquido in alto, attraverso il filtro, dove si impregna degli aromi e del sapore della polvere di caffè che esce poi gorgogliando nella terza camera.

Ma la polvere di caffè va pressata o no?

Il processo di filtrazione dei liquidi fu studiato in dettaglio dal francese Henry Darcy, il quale nel XIX secolo formulò la legge chiamata in suo onore Legge di Darcy. Questa legge fisica descrive il passaggio di un liquido (nel nostro caso l'acqua) attraverso un solido (che per noi è la polvere di caffè), dimostrando come dipenda dal tipo di liquido e dal tipo di solido: più poroso, ossia

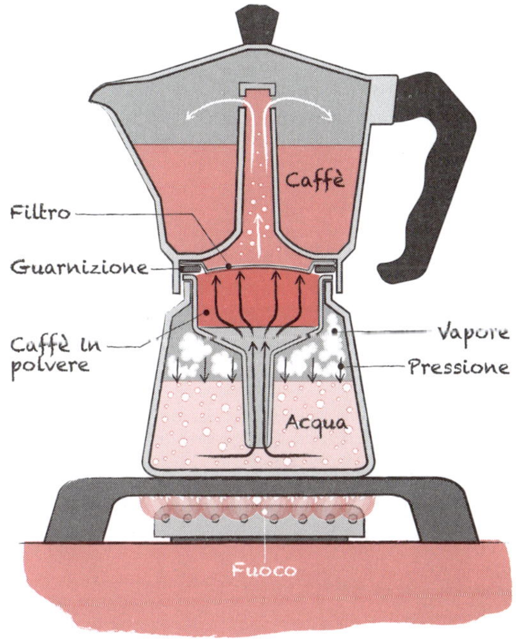

"bucherellato", è il solido, più facilmente il liquido lo oltrepassa portando con sé parti di questo. La legge di Darcy ha un'enorme importanza in geologia, dove è applicata allo studio del movimento delle acque nei terreni. Applichiamola al caso del caffè. Più schiacciata è la polvere nel filtro, più l'acqua avrà difficoltà a salire: il risultato finale sarà un caffè scuro e dal gusto "bruciato" a causa della prolungata cottura; meno schiacciata è la polvere, più l'acqua scorrerà velocemente ma portando con sé pochi aromi: il caffè risultante sarà quindi molto leggero.

In definitiva, per avere un buon caffè è necessario trovare una giusta "via di mezzo", controllando a occhio quanta polvere mettere e come.

L'ESPRESSO MADE IN ITALY

Anche la macchina da caffè espresso ha un padre italiano: l'ingegnere Luigi Bezzera, che la costruì nel 1901. Oggi come ieri, sulla macchina fa bella mostra un piccolo manometro esterno, uno strumento che controlla la spinta del vapore acqueo, cioè la pressione, all'interno della caldaia.

IN PRATICA

Una bottiglia razzo. Prendiamo una bottiglia di plastica e riempiamola per un quarto di acqua. Poi prendiamo un tappo di sughero e una pompa da bicicletta con un adattatore ad ago per infilarlo nel tappo fino a farlo uscire dall'altra parte. Inseriamo il tappo nella bottiglia e assicuriamoci con del nastro adesivo di fissarlo molto stretto, in maniera ermetica. Andiamo all'aperto, puntiamo la bottiglia verso l'alto e cominciamo a pompare aria dentro con la pompa. A un certo punto la bottiglia salterà verso l'alto come un razzo.

Come ha fatto?

Quando pompiamo aria nella bottiglia al suo interno si accumula pressione finché questa diventa così forte da far saltare il tappo e far schizzare la bottiglia come un razzo. È quello che, con le dovute proporzioni, accade nei razzi sparati verso lo spazio: bruciano carburante nei loro motori per produrre un getto di gas mentre, per reazione, il missile si sposta nella direzione opposta, verso l'alto.

Fiamme in cucina

Forse non lo sapete, ma **il fornello** che usate in cucina per cucinare la pasta per il pranzo **è nato in un laboratorio dell'università tedesca di Heidelberg nel 1854**, grazie a Robert Wilhelm Bunsen, il quale sviluppò un'idea del suo maestro, il grande scienziato inglese Michael Faraday, con l'aiuto del suo assistente Peter Desdega. Questo apparecchio, da allora chiamato "Becco Bunsen" e adottato in tutti i laboratori del mondo, è un tubino verticale con in cima un beccuccio da cui esce la fiamma ottenuta dal combustibile bruciato, di solito gas metano, che fluisce in maniera continua per evitare che la fiamma torni dentro il tubo. Il beccuccio ha due fori per far passare l'aria, quindi l'ossigeno, che serve a bruciare il combustibile.

Ruotando il beccuccio si può regolare la quantità d'aria che entra nei due fori e avere una fiamma di diversa intensità, con maggiore o minore quantità di ossigeno, rivelata dal diverso colore che assume. Quando la fiamma è al massimo della forza ha un colore azzurro (che corrisponde a 1.400 °C), quando è rossa con strisce bianche è al minimo (480 °C). Il colore della fiamma dipende anche dalle sostanze con cui la fiamma entra in contatto: il sale da cucina determina il giallo-arancio. Anche nei fornelli attuali ci sono dei forellini per miscelare al meglio aria e metano: sono gli stessi che potete vedere nei punti fuoco della cucina di casa. Se la fiamma che vedete non è del tutto azzurra, può darsi che qualche forellino sia occluso.

Cucinare con l'elettricità

Prepariamoci adesso un panino tostato con la marmellata. Per scaldare il pane lo mettiamo nel tostapane, una macchina che sfrutta il principio secondo cui l'elettricità produce calore grazie al movimento interno delle componenti di un corpo che lo compongono. Questo fenomeno è detto "**effetto Joule**", dal nome dello scienziato James Prescott Joule che lo osservò nel 1840.

Questo fenomeno è anche il responsabile del calore che esce dai nostri computer, per questo alcuni hanno una ventola per raffreddarsi, o da qualsiasi altra apparecchiatura elettrica. Bisogna fare attenzione a questo calore: quando è troppo blocca il passaggio della corrente elettrica.

Il corpo preposto a fornire questo calore è detto "resistenza", e viene portato fino all'incandescenza. La potete vedere nel forno, ma solo quando è spento mi raccomando, e assomiglia a una serie di U intrecciate tra loro, ma può avere le forme più varie. Difficile dire chi abbia inventato il tostapane, ma le sue tracce ci portano nel 1893, in Inghilterra, dove era in commercio una macchina che tostava il pane solo da un lato. Il principio di Joule è quello che sta dietro anche a molti altri apparecchi che si trovano in casa come il ferro da stiro e il bollitore elettrico per scaldare l'acqua.

I fornelli a induzione

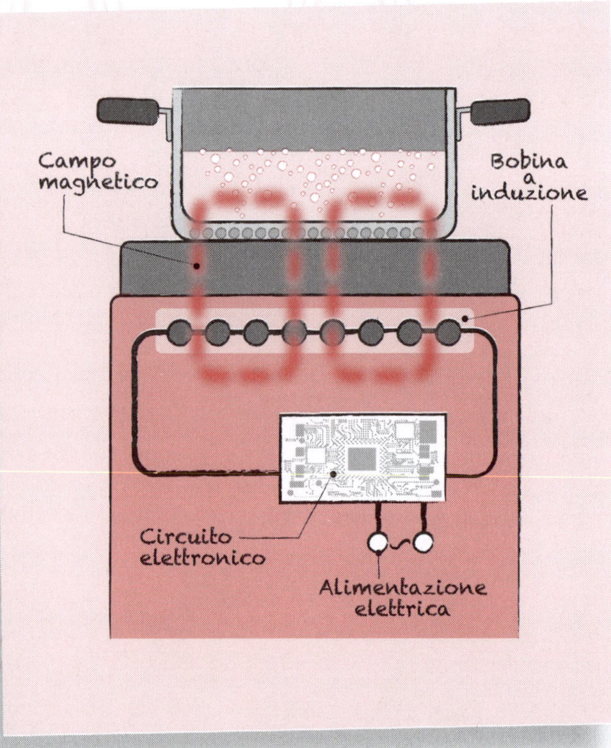

Sempre più spesso stanno facendo la comparsa nelle nostre cucine, e nei programmi di cucina, i fornelli a induzione: non hanno fiamma ma un piano di vetro sul quale appoggiare le pentole dentro le quali i cibi cuociono velocemente. Ma se la fiamma non c'è, cosa fa cuocere i cibi? **Il campo magnetico**. Vediamo come.

Il fornello a induzione è provvisto di una bobina conduttrice, una per ogni "fuoco". Una bobina è composta da una serie di spire di materiale conduttore dentro le quali è fatta scorrere una corrente elettrica alternata che produce un campo magnetico anche questo variabile nel tempo. La legge di Faraday ci dice che una variazione nel tempo del flusso di campo magnetico su una superficie produce un campo elettrico. Questo campo produce delle correnti elettriche sul fondo del recipiente posto sul "fornello" e, per l'effetto Joule, l'energia elettrica si trasforma in calore provocando il riscaldamento del recipiente e del contenuto. La generazione e la regolazione di questa corrente alternata, per graduare l'intensità di riscaldamento, è controllata da un sistema elettronico contenuto nel fornello stesso.

Forni a microonde

In molte le cucine si sente spesso un suono lungo e acuto. È quello del forno a microonde che ha smesso di scaldare il cibo al suo interno. Il microonde è un apparecchio oggi talmente familiare che sembra esserci sempre stato. In realtà la sua nascita è datata 1946 e, come spesso accade, avvenne per caso. Il suo papà, il tecnico Percy Spencer dell'americana Raytheon, stava lavorando a un componente elettrico chiamato "**magnetron**" che emetteva onde elettromagnetiche molto particolari, parenti strette di quelle che compongono la luce visibile: non sono visibili a occhio nudo e hanno una frequenza di 2,45 GHz, ossia ne passano ben 2 miliardi e 450 milioni di volte in un secondo. Queste onde riescono a far vibrare velocissimamente le molecole d'acqua all'interno dei cibi le quali, per sfregamento, scaldano le altre particelle intorno a loro. Il risultato è che il cibo si cuoce molto più velocemente che in un forno normale. È ciò che accadde a un dolcetto che Spencer si teneva in tasca mentre passava davanti al suo magnetron: si sciolse.

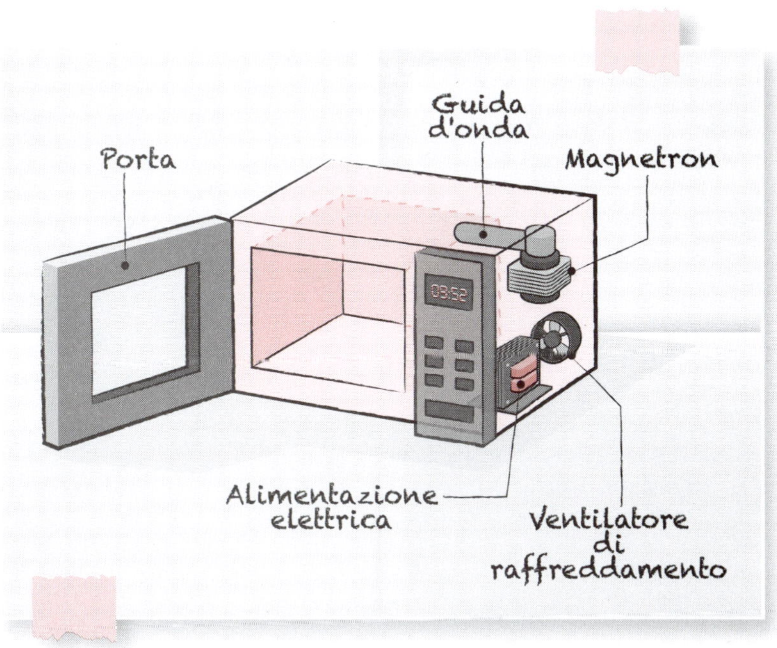

Nel 1947 la Raytheon mise in commercio il primo forno a microonde: era alto quasi due metri e pesava 340 chilogrammi. Nel 1967 venne messo in commercio il primo forno a microonde casalingo, e solo negli anni Ottanta divenne un elettrodomestico comune. Rispetto al forno elettrico, quello a microonde cuoce molto più in fretta e utilizzando al meglio tutto il calore a disposizione. È indispensabile però utilizzare contenitori che le microonde non toccano: plastica, terracotta, porcellana e vetro ed evitare i contenitori metallici, i quali rifletterebbero le microonde distruggendo il forno dall'interno.

IL FORNO CLASSICO

Il forno classico, quello dove si cuociono le torte e il pollo arrosto, è scaldato dall'elettricità che, quando passa per un corpo, causa uno sfregamento delle molecole che lo compongono e quindi lo scalda; il calore così ottenuto si diffonde e cuoce il cibo. Una volta i forni funzionavano a gas: poiché bisognava accenderli con un fiammifero, sono stati eliminati perché a rischio di esplosione. Nel forno a microonde la temperatura dei corpi non supera i 100 °C: a questo punto l'acqua evapora e la cottura si arresta. Per avere la classica crosticina dorata, tipica dei migliori arrosti è ancora indispensabile utilizzare il vecchio forno elettrico.

MICHAEL FARADAY (1791-1867)

Il fisico inglese Michael Faraday non è stato solo uno scienziato, ma uno dei creatori del mondo in cui viviamo oggi. Autodidatta, perché proveniente da una famiglia povera, Faraday iniziò a lavorare a 13 anni prima come fattorino nella bottega di un libraio, poi come rilegatore. Nei sette anni successivi lesse così molti libri e sviluppò un interesse per le scienze, in particolare per l'elettricità. A vent'anni iniziò a seguire le lezioni del chimico Humphry Davy di cui divenne poi assistente di laboratorio. Da qui partì la sua carriera di scienziato e sperimentatore che lo ha portato a scoperte fondamentali nell'elettromagnetismo, come la legge di Faraday sulla creazione di campi elettrici mediante la rotazione di campi magnetici (quelli usati nei forni a

MICHAEL FARADAY

induzione), l'elettrolisi, il diamagnetismo (ossia la repulsione di alcuni materiali, come l'oro, rispetto ai campi magnetici), l'effetto Faraday che regola l'interazione tra campo elettromagnetico e luce. Tra le sue invenzioni c'è il becco Bunsen, da cui derivano i fornelli a gas nelle nostre case. È stato dato il suo nome all'unità di misura della capacità elettrica, il farad, e al cratere Faraday sulla Luna.

Famoso è l'aneddoto che racconta quando Faraday spiegò in una conferenza pubblica la legge che porta il suo nome. A un certo punto alzò la mano il ministro dell'economia inglese e gli chiese a cosa mai poteva servire l'energia elettrica. Al che Faraday rispose: « Ancora non lo so, ma di certo lei potrà metterci una tassa ».

In auto con la gabbia di Faraday

Quando viaggiamo in automobile e fuori piove possiamo stare tranquilli che i fulmini non ci daranno fastidio perché siamo in una **gabbia di Faraday**. Vediamo che cosa è.

Nel 1836 Faraday si accorse che un contenitore cavo fatto di materiale elettricamente conduttore, come è un'automobile (che al tempo di Faraday non esisteva), è in grado d'isolare l'ambiente interno da un qualunque campo elettrico presente al suo esterno, per quanto intenso questo possa essere. Questo accade perché le correnti elettriche, quindi anche il fulmine che potrebbe colpire la nostra automobile, scorrono sulla superficie esterna del contenitore e non esercitano effetti all'interno della stessa. Faraday usò il termine "gabbia" per mostrare che questo contenitore poteva essere fatto anche da una serie di barre opportunamente distanziate, come appunto una gabbia.

Una volta che lo strato esterno avrà raggiunto una carica molto importante, cercherà di scaricarla da qualche parte: le nostre automobili la scaricano a terra grazie all'acqua che le bagna, mentre alcune vecchie auto avevano dietro le ruote posteriori una fettuccia in gomma con anima in ferro che scaricava a terra la carica elettrica. Questo fatto non avviene in caso di un fulmine a ciel sereno quando l'automobile è asciutta, perché gli pneumatici la isolano già da terra.
Infine, durante un temporale, è meglio non toccare le parti metalliche, come le maniglie delle portiere, perché potrebbero mettervi in contatto con la superficie esterna della vettura.
Nell'immagine a fianco vediamo la disposizione delle cariche elettriche di un conduttore cavo quando "sente" un campo elettrico esterno, come può essere un fulmine. Come si vede, la disposizione delle cariche elettriche è tale da creare un campo elettrico nullo all'interno del conduttore (ad ogni – corrisponde un +), quindi chi sta all'interno del conduttore non sente alcun campo elettrico (ossia non sente alcuna "scossa"). Invece la disposizione delle cariche esterne è tale che le cariche negative del campo esterno vengono bloccate, schermando quindi il conduttore.

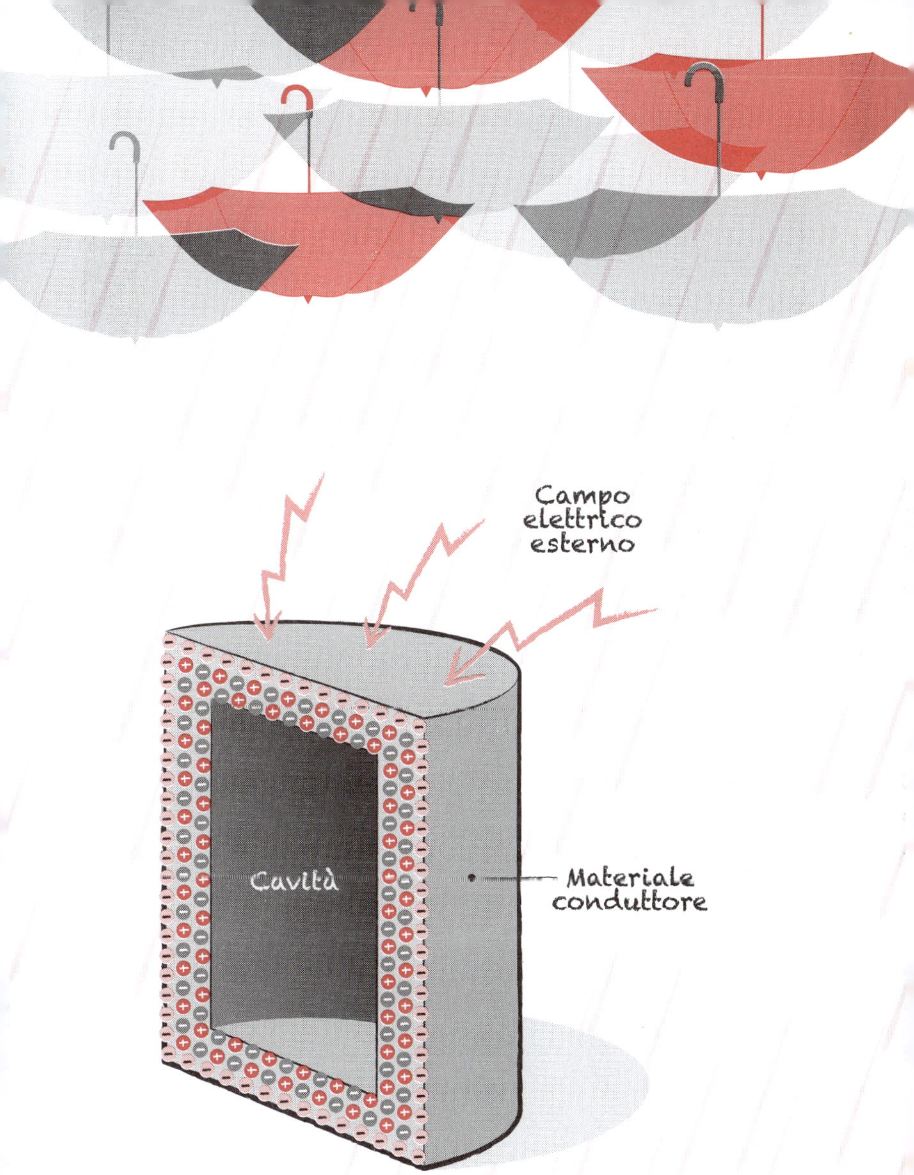
Campo
elettrico
esterno
Cavità
Materiale
conduttore

JAMES WATT

JAMES WATT (1736-1819)

Quando leggiamo la bolletta della corrente vediamo una strana unità di misura: è il **watt**, ossia l'unità di misura della potenza elettrica. Di solito nelle nostre case abbiamo una fornitura di 3 kilowatt, ossia 3.000 watt di potenza elettrica. Ma da dove nasce questo nome?

Da James Watt, un ingegnere e inventore scozzese a cui dobbiamo non solo la bolletta, ma anche la prima macchina a vapore che ha permesso la rivoluzione industriale e l'industrializzazione del mondo. Watt proveniva da una famiglia che, per varie disgrazie economiche, aveva potuto solo farlo studiare come tecnico. Ma il suo genio venne notato da un professore universitario di Glasgow, Joseph Black, che gli chiese di migliorare la macchina di Newcomen. Nel 1705, Thomas Newcomen aveva inventato la prima macchina a vapore alimentata a carbone per pompare acqua fuori dalle miniere di carbone. La macchina però consumava troppo e, a parte pompare acqua, non si sapeva cosa farne. Watt colse l'occasione al volo: studiò la macchina e prima migliorò il suo rendimento, poi capì come trasformare quel movimento per azionare altre macchine, come quelle che erano nelle fabbriche che fino ad allora usavano come forza motrice quella delle acque dei fiumi tramite le ruote dei mulini. Fu l'inizio della costruzione delle grandi fabbriche che ora, grazie alla macchina a vapore di Watt, avevano tutto l'energia necessaria per produrre qualsiasi cosa e ovunque. Per calcolare la potenza dei motori a vapore, Watt introdusse una nuova unità di misura, il "cavallo vapore"", per comparare la potenza prodotta all'equivalente in cavalli: questa unità è ancora oggi usata per indicare la potenza dei motori degli autoveicoli.

ALESSANDRO VOLTA E IL VOLT

ALESSANDRO VOLTA (1745-1827)

Un nome che vediamo in tutte le apparecchiature elettriche è il **volt**, l'unità di misura della differenza di potenziale, ossia la differenza tra cariche elettriche positive e negative, che serve a creare quella corrente elettrica che fa funzionare i nostri apparecchi.
Il nome deriva da uno scienziato italiano, il conte Alessandro Volta che spiegò a tutto il mondo come si dovevano studiare i campi elettrici. Studioso autodidatta, divenne famoso per l'elettroforo, un apparecchio composto da un disco di ambra con un manico che riusciva a trattenere una carica elettrica. Fino al XVIII secolo non si sapeva cosa farsene dell'elettricità, finché non si capì come trasportarla lungo un filo, oppure, grazie a Volta, con l'elettroforo.

Grazie alla sua invenzione, Alessandro diventò professore di fisica all'università di Pavia dove pose le basi dei moderni studi sull'elettricità: definì i concetti di capacità, tensione e potenziale, e inventò il condensatore, un apparecchio in cui si accumula energia elettrica e oggi presente in tutti i nostri apparecchi elettrici. Fu sempre Volta a stabilire che la quantità di carica di un condensatore è pari alla sua capacità moltiplicata per la differenza di potenziale: una legge fondamentale che lo rese famoso in tutta Europa. Non solo: nel 1776 scoprì che nel fondo dei terreni paludosi si poteva trovare un gas facilmente infiammabile che altro non era che il metano, di cui descrisse le caratteristiche. Ma l'invenzione per cui doveva diventare immortale era un'altra: la pila.

La pila

Usiamo le pile fin da quando siamo bambini. Una pila è composta da materiali diversi (per esempio zinco e carbone) che producono dei processi chimici da cui si ricavano le cariche elettriche che generano la differenza di potenziale che permette ai nostri apparecchi di funzionare. Volta la inventò nel 1799. Pochi anni prima aveva deciso di ripetere gli esperimenti di un suo cugino, Luigi Galvani, che si era accorto che quando toccava con un capo di filo metallico i muscoli scoperti di una zampa di una rana morta e con l'altro capo i muscoli della stessa zampa coperta dalla pelle, il corpo del batrace era scosso da forti convulsioni. Volta si accorse di un dettaglio: la rana era scossa da più corrente se i fili erano di due materiali diversi. Provò diversi materiali finché capì che la rana non c'entrava nulla con la creazione della corrente, ma che questa era dovuta al contatto tra i due metalli diversi. Questo effetto venne poi chiamato in suo onore "effetto Volta", ed è una delle basi degli studi dell'elettricità. Volta introdusse poi tra i due metalli un conduttore umido e vide che otteneva una corrente ancora maggiore. Allora **mise in colonna una serie di coppie di**

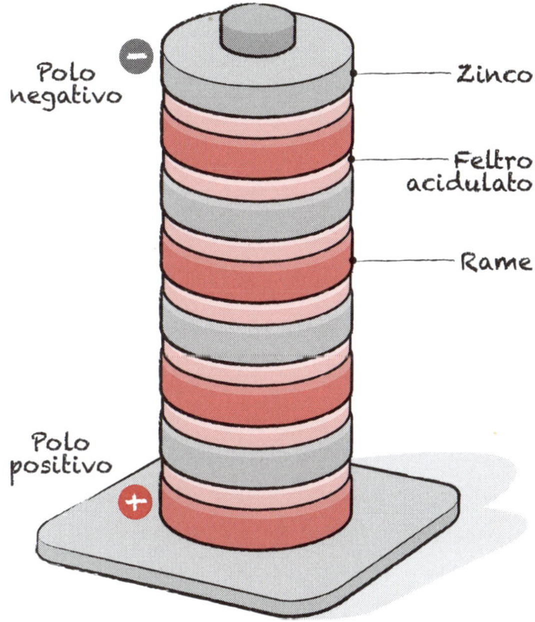

metalli diversi divisi da un conduttore umido e lo chiamò "apparecchio a pila", o semplicemente "pila", proprio dal modo in cui li aveva disposti. Era il 1799: Volta aveva costruito la prima pila al mondo, che venne subito acclamata come un'invenzione straordinaria. Oggi esistono vari tipi di pile per tutti i tipi di apparecchi, anche per le automobili come la Tesla di Elon Musk, e tutte le volte che le usiamo rendiamo omaggio al genio di Volta.

Qui sopra potete vedere lo schema di una pila: i metalli in questo caso sono zinco e rame e il conduttore umido è un disco di feltro che è stato immerso un una soluzione acida.

La lampadina

La lampadina a filamento ha illuminato il mondo per più di un secolo. La sua invenzione è stata contesa tra l'americano Thomas Alva Edison e l'italiano Alessandro Cruto che venne battuto per soli quattro mesi: **Edison l'accese per primo il 21 ottobre 1879**, mentre l'italiano il 4 marzo 1880. Funziona grazie all'effetto Joule: la corrente elettrica passa nel filamento, ossia la spirale dentro il bulbo di vetro, e lo scalda finché non diventa incandescente e irradia luce ovunque. La ricerca del materiale adatto per il filamento non è stata facile, perché doveva essere insieme leggero e resistente: Edison dichiarò che ci mise tre anni per trovare il carbonio, e lo trovò solo all'ultimo, quando stava per arrendersi. Il difetto di questa lampadina è che consuma molta energia: poca di quella fornita è trasformata in luce, mentre il resto si trasforma in calore, come potete avvertire avvicinando la mano al bulbo di vetro. Oggi queste lampadine sono state sostituite con quelle a fluorescenza (quelle che una volta si chiamavano "al neon", dal nome del gas che contenevano). Questi modelli, nel bulbo di vetro contengono una quantità di vapore di mercurio che, colpita da energia elettrica, emette luce ultravioletta, non visibile, che diventa luce bianca dopo essere passata attraverso uno strato di fosforo. Il primo a osservare la scarica elettrica in un gas è stato il francese Henry Becquerel alla fine del XIX secolo, mentre la prima lampada a fluorescenza fu brevettata solo nel 1936 da George E. Inman.

THOMAS ALVA EDISON (1847-1931)

Oltre alla lampadina, ci sono molte invenzioni nate tra il XIX e il XX secolo che usiamo ancora oggi, come per esempio gli apparecchi per proiettare i film, il periscopio per i sommergibili, il fonografo per ascoltare i suoni, il telefono. Molte di queste sono state create o migliorate da un uomo solo: l'americano Thomas Alva Edison, autore in vita di oltre un migliaio di brevetti registrati in tutto il mondo.

Studioso autodidatta, aveva lasciato la scuola a dieci anni per andare a lavorare e a sedici realizzò la sua prima invenzione: un registratore automatico di voto da usare durante le elezioni che però non ebbe alcun successo commerciale. Affascinato dal telegrafo inventato da Samuel Morse, migliorò l'apparecchio dotandolo dello ***stock ticker***, una lunga striscia di carta che veniva bucata secondo l'alfabeto Morse e che si può vedere ancora nei vecchi film.

L'invenzione fu un successo che permise ad Edison di costruire il suo laboratorio personale a Menlo Park, vicino a New York, e di fondare una propria azienda, la Edison Universal Stock Printer, che sarà la prima delle molte che fonderà. Tra queste ci sarà la Edison Electric Light Company che diventerà il colosso multinazionale General Electric ancora oggi attivo. L'invenzione per cui divenne famoso in tutto il mondo fu il fonografo che tramite un solco su un cilindro coperto di carta stagnola prima, e di cera poi, fu il primo sistema di registrazione del suono della storia. Ma Edison entrò nella leggenda con la lampadina a incandescenza. Spesso il suo nome fu fatto come possibile candidato per il premio Nobel per la fisica, ma era una fake news: in realtà Thomas non era in grado di dare una spiegazione scientifica ai fenomeni che utilizzava, e quindi non poteva essere candidato.

LA GUERRA DELLE CORRENTI

Tutti i giorni usiamo la **corrente alternata in casa**. Rispetto alla corrente continua, quella alternata inverte la polarità elettrica continuativamente nel tempo, ossia il polo negativo diventa positivo e viceversa, con periodicità fissa di solito di 50 o 60 volte al secondo. Questa frequenza è misurata in hertz, quindi la corrente alternata ha una frequenza di 50 o 60 hertz. Si usa questa corrente perché permette di diminuire le perdite energetiche nelle linee elettriche nel trasporto a grandi distanze, linee che possono essere anche fili molto sottili, ed è facilmente trasformabile nella differenza di potenziale (tensione elettrica) che serve per essere utilizzata. Infine, poiché quasi

tutti gli apparecchi elettronici funzionano in corrente continua, quest'ultima può essere ricavata da quella alternata tramite un raddrizzatore.

Al cavallo tra XIX e XX secolo la scelta tra corrente continua e alternata non fu affatto facile, e sfociò in quella che venne chiamata la **guerra delle correnti**. Venne combattuta tra due fazioni diverse: da un lato Thomas Edison per la corrente continua, dall'altro l'imprenditore George Westinghouse e l'ingegnere serbo, ed ex dipendente di Edison, Nikola Tesla per la corrente alternata.

LA GUERRA DELLE CORRENTI

Fu una guerra senza esclusioni di colpi perché la posta in gioco era enorme: l'elettrificazione degli Stati Uniti, e poi del mondo. Edison era famoso, e le pensò tutte per dimostrare la pericolosità della corrente alternata, come inventare la sedia elettrica, poi tristemente nota, e addossarne la colpa della sua pericolosità alla corrente alternata. Addirittura, filmò l'esecuzione di un'elefantessa con la corrente alternata e distribuì il film in tutta l'America. La guerra fu vinta da Tesla, che si aggiudicò la costruzione della centrale idroelettrica che sfrutta le cascate del Niagara e, da allora, la corrente alternata è ancora oggi quella che usiamo nelle nostre case. Bisogna riconoscere che Edison incassò bene la sconfitta: si impegnò nella diffusione della corrente alternata e divenne ancora più ricco.

LA CORRENTE ALTERNATA AL CINEMA

Nel 2020 è uscito il film di Alfonso Gomez-Rejon, *Edison: l'uomo che illuminò il mondo*, che racconta questa storia della guerra delle correnti con protagonisti gli attori Benedict Cumberbatch, Michael Shannon e Nicholas Hoult, rispettivamente nei panni di Thomas Edison, George Westinghouse e Nikola Tesla.

I PROTAGONISTI DELLA CORRENTE ALTERNATA

NIKOLA TESLA (1856-1943)

Inventore e ingegnere elettrico, aveva lavorato con Edison che considerava il suo mentore. Edison però gli fece un brutto tiro: gli promise un premio se gli avesse risolto un brevetto importante, ma quando Tesla gli portò la soluzione, Edison non glielo diede dicendogli che gli aveva fatto uno scherzo. Tesla si mise in proprio e, grazie ai soldi di Westinghouse, brevettò l'apparecchio che converte la corrente da continua in alternata. Dopo la vittoria nella "guerra delle correnti", Tesla preferì dedicarsi ai suoi progetti, la maggior parte dei quali si rivelò irrealizzabile. Personaggio dal carattere solitario, morì povero a New York. Poiché era in atto la Seconda guerra mondiale, i suoi progetti furono requisiti dal governo americano, facendo nascere leggende sulle sue invenzioni. Nel 1960, gli è stata dedicata l'unità di misura dell'induzione magnetica usata in tutte le macchine di risonanza magnetica.

GALILEO FERRARIS (1847-1897)

Ingegnere e scienziato italiano, è lo scopritore del campo magnetico rotante alla base del motore elettrico in corrente alternata, che brevettò nel 1888. Due mesi dopo, Nikola Tesla depositò 5 brevetti sugli stessi motori elettrici che vennero poi acquistati da Westinghouse. Lo scienziato italiano entrò così in causa con lo scienziato serbo, il quale però dimostrò di aver già scoperto il campo magnetico rotante nel 1882 e richiesto il brevetto nel 1887. Nel 1889 Ferraris fondò una Scuola di elettrotecnica, la prima scuola di questo genere in Italia che successivamente sarà incorporata nel Politecnico di Torino.

I NOMI DELL'ELETTRICITÀ

Tutte le volte che usiamo un apparecchio elettrico troviamo questi nomi di unità di misura: ampere, coulomb, ohm e hertz. Vediamo chi erano gli scienziati da cui hanno preso il nome e le loro scoperte.

ANDRÉ-MARIE AMPÈRE (1775-1836)

André-Marie Ampère è stato un fisico francese che, scoprendo che un ago magnetico viene deflesso da una corrente elettrica, ha rivelato la relazione tra magnetismo ed elettricità. Ha osservato anche come due fili percorsi da corrente possono attrarsi se le correnti vanno nello stesso verso, oppure si allontanano se le stesse correnti vanno in versi opposti. La legge di Ampère-Maxwell, infine, afferma che i campi magnetici si possono generare in due modi: tramite correnti elettriche e da campi elettrici variabili.

In onore di André-Marie è stata denominata ampere (simbolo A) l'unità di misura della **corrente elettrica**.

CHARLES AUGUSTIN DE COULOMB [1736-1806]

Il coulomb (simbolo C) è l'unità di misura della **carica elettrica** ed è definito operativamente come la quantità di carica elettrica trasportata in 1 secondo dall'intensità di corrente pari a 1 ampere.

Questa unità deve il suo nome all'ingegnere francese **Charles Augustin de Coulomb**, che fu il primo scienziato a studiare sperimentalmente le cariche elettriche e le forze che ne regolano il moto in maniera analoga a come aveva fatto Newton per le forze di attrazione tra i corpi.

La legge di Coulomb afferma che, date due cariche $\mathbf{q_1}$ e $\mathbf{q_2}$, poste a distanza **r**, la forza esercitata tra loro è:

$$F = k\,(q_1 q_2)/r^2$$

dove **k** è la costante di Coulomb.

Coulomb è anche l'autore del primo saggio scientifico dedicato alle leggi fisiche dell'attrito statico e dinamico.

GEORG SIMON ALFRED OHM (1789–1854)

Ogni materiale oppone una resistenza al passaggio dell'energia elettrica. Esiste infatti un rapporto tra la differenza di potenziale applicata ai capi di un conduttore e la corrente elettrica che si misura nel conduttore stesso. Chi ho scoperto questo rapporto è stato il fisico tedesco **Georg Simon Alfred Ohm** che iniziò le ricerche nel mondo dell'elettricità grazie alle scoperte di Alessandro Volta. Ohm trovò questo rapporto, che poi venne chiamato "legge di Ohm", utilizzando attrezzature di sua creazione. In suo onore è stata chiamata ohm (simbolo Ω) l'unità di misura della **resistenza elettrica** che possiamo vedere in tutte le resistenze e gli apparecchi elettrici che abbiamo in casa.

HEINRICH RUDOLF HERTZ (1857-1894)

L'hertz (simbolo Hz) è l'unità di misura della **frequenza**, ossia di quante volte un'onda elettromagnetica si ripete nell'unità di tempo. Un hertz equivale a un impulso al secondo, ed è un'unità di misura che può essere applicata a qualsiasi evento periodico: per esempio, il ticchettio di un orologio ha una frequenza di 1 Hz. Una volta era indicato come cicli per secondo (cps). Prende il nome dal fisico tedesco **Heinrich Rudolf Hertz** che fu il primo a dimostrare sperimentalmente l'esistenza delle onde elettromagnetiche previste da James Clerk Maxwell grazie a un apparecchio ideato dallo stesso Hertz: il dipolo hertziano, ossia un'antenna con due bracci uguali aperti che era in grado di emettere e ricevere onde radio.

JAMES CLERK MAXWELL (1831-1879)

Lo scozzese **James Clerk Maxwell** (1831-1879) non ha dato nome a un'unità di misura, ma è stato l'autore delle equazioni che descrivono il campo **elettromagnetico** unificando così il campo elettrico a quello magnetico. Dimostrò che il campo elettrico e magnetico si propagano attraverso lo spazio sotto forma di onde alla velocità costante della luce, e che la luce è un'onda elettromagnetica. Grazie al lavoro di Maxwell, si dimostrò che tutte le altre leggi che riguardavano il campo elettrico o quello magnetico sono solo casi semplificati delle sue quattro equazioni fondamentali. Queste equazioni sono considerate uno dei più grandi risultati della fisica di tutti i tempi.

IN PRATICA

Un trucco da fare con gli amici è quello di alitare sulla parte concava di un cucchiaio, avvicinarla piano piano al vostro naso, appoggiarla e mantenere così la posata in perfetto equilibrio. Ma come può funzionare?

È possibile grazie all'attrazione elettrica tra le molecole d'acqua contenute nel fiato condensato sul cucchiaio e la pelle del naso. Il cucchiaio sta in equilibrio finché il suo centro di massa cadrà in una zona all'interno del naso altrimenti la gravità lo farà cadere a terra: è come quando il nostro centro di massa cade all'interno dell'area delimitata dalla nostra base di appoggio, in caso contrario cadiamo. Non è un esercizio facile, quindi non buttatevi giù se non ci riuscite al primo colpo.

La penna magica. Un esperimento che potete fare con gli amici consiste nel prendere una penna Bic, strofinarla su un maglione di lana in modo da caricarla elettricamente, quindi usarla per attirare dei pezzetti di carta. Però, aspettate un momento: la carta non è un metallo ma un isolante, quindi com'è possibile che venga attirata dalla penna?

La carta è un isolante, quindi le cariche elettriche al suo interno non possono muoversi liberamente come fanno nei conduttori, ma tali cariche "sentono" il campo elettrico all'esterno e cambiano la loro diposizione di conseguenza. In pratica, immaginate di avere delle sfere con un + a un capo del diametro e un – dall'altro; quando sentono il campo elettrico, le sfere si girano in modo da avere tutti i + verso il campo elettrico, e tutti i – dalla parte opposta. In questo modo il campo elettrico totale all'interno dell'isolante è sempre zero, ma con tutte le cariche allineate in un modo tale che quelle positive della carta sono più vicine a quelle negative della Bic e così possono attirarsi a vicenda per la legge di Coulomb.

IL WI-FI E L'ATTRICE

HEDY LAMARR (1914-2000)

Una delle applicazioni del campo elettromagnetico più conosciuta è il wi-fi, ossia il collegamento alla rete internet senza usare i fili. La tecnologia wi-fi utilizza onde radio a bassa potenza e ormai è un caposaldo delle reti mobili di telecomunicazioni. La prima versione di questa tecnologia è stata testata nel 1997, ma da pochi anni si è scoperto che in realtà le sue basi sono state poste addirittura durante Seconda guerra mondiale da un'insospettabile scienziata: l'attrice americana **Hedy Lamarr**.

Hedy Lamarr era il nome d'arte dell'attrice austriaca Hedwig Eva Maria Kiesler, poi naturalizzata statunitense. Esordì come attrice in Austria e divenne famosa perché fu la prima attrice a posare interamente nuda, nel film *Exstase* nel

1932. Grazie a questa fama, si trasferisce a Hollywood, anche per allontanarsi dal nazismo, dove per la sua incredibile bellezza diventa una delle dive del cinema americano, anche se in ruoli molto stereotipati di "bellezza europea". Quello che fino a pochi anni fa era sfuggito a tutti è che Hedy era anche un'ex studentessa di ingegneria a Vienna. Durante la Seconda guerra mondiale, insieme al compositore George Antheil, sviluppò per l'esercito degli Stati Uniti un sistema di guida a distanza per siluri basato su determinate frequenze radio. Questo sistema non venne usato in tempo di guerra e rimase dimenticato finché non venne usato come base per costruire la trasmissione dei segnali per la telefonia e le reti wireless.

Effetto fotoelettrico: arriva la rivoluzione

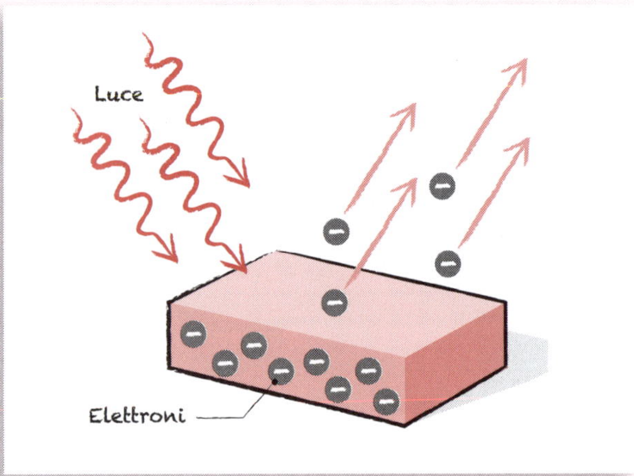

C'è un fenomeno fisico che sfruttiamo tutti i giorni, si chiama "effetto fotoelettrico" e funziona così: quando un raggio di luce dotato di una certa energia colpisce una lastra metallica, questa "muove" gli elettroni della lastra che formano una corrente elettrica. Questo processo è oggi alla base di un'enorme quantità di strumenti. Uno di questi è la televisione: la luce entra nelle lenti della telecamera, ne colpisce il metallo, crea corrente elettrica che è convertita in onde televisive poi spedite ai televisori in ogni casa. Inoltre, rispetto alla pellicola fotografica che viene esposta alla luce una volta sola, il metallo si può utilizzare più volte: per questo è in grado di catturare immagini in movimento.

Poi ci sono gli esposimetri, ossia gli strumenti che usano i fotografi o che si trovano montati nelle macchine fotografiche per sapere quanta luce c'è nell'ambiente in cui ci troviamo e poter scattare una foto. Sullo stesso principio funzionano gli esposimetri montati sui telescopi che servono a catturare la debole luce proveniente dalle stelle, come anche i pannelli solari che trasformano la luce del sole in corrente elettrica o le batterie solari, appunto, che si trovano sulle calcolatrici tascabili o sui pupazzi. Su questo effetto si basano anche le cellule fotoelettriche che aprono i cancelli e quelle più spettacolari, come quelle che si vedono nei film come ***Mission Impossible*** o nei cartoni animati di ***Lupin III***: la cellula, che è nascosta allo sguardo dei visitatori, viene colpita da un raggio di luce invisibile ai nostri occhi; quando una persona attraversa l'ambiente e blocca il raggio, la cellula aziona l'allarme.

Questo effetto era noto fin dall'Ottocento ma non si riusciva a trovarne una spiegazione. C'era poi il dubbio sul perché funzionava solo con certe onde luminose e non con altre.

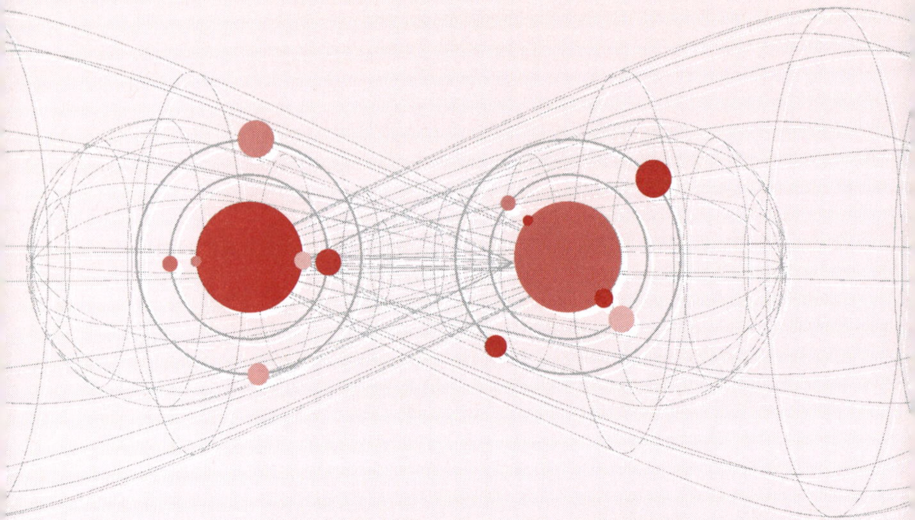

Riuscì a dipanare la questione **Albert Einstein** nel 1905 con un articolo dal titolo non semplice, *Un punto di trasformazione euristico relativo alla trasformazione e alla generazione della luce*, ma dal risultato semplicissimo:

$$E = hf$$

Dove **E** è l'energia che deve avere la luce per creare la corrente, **h** è la costante di Planck e **f** la frequenza della luce. Una formula semplice, essenziale ma dalla portata epocale.
Attraverso l'effetto fotoelettrico, Einstein dimostrò infatti una cosa che cinque anni prima il fisico **Max Planck** (1858-1947) aveva ipotizzato, ma non dimostrato, studiando le emissioni di calore: che la luce non è un'onda continua, ma è formata da particelle discrete chiamate "quanti".

Questa quantizzazione era stabilita dalla presenza della costante h, la costante di Planck, che rappresenta l'azione minima possibile e determina che l'energia e le grandezze fisiche fondamentali ad essa legate possano assumere solo valori multipli di tale costante. Grazie ad Einstein (e a Planck) non solo si rese possibile la costruzione di una quantità incredibile di apparecchi, ma nacque la meccanica quantistica, la teoria della fisica che ha esplorato il mondo dell'atomo e delle particelle subatomiche.
Ma non è finita.
Nello stesso anno, Einstein pose anche le basi della teoria della relatività, quella che spiega come funziona la gravità e come si sono formati l'universo, le stelle e tutto il resto, e disse la parola definitiva sull'esistenza degli atomi e le molecole.
Insomma, Einstein fece una rivoluzione. Non a caso vinse il premio Nobel per la Fisica nel 1921 proprio per l'effetto fotoelettrico.

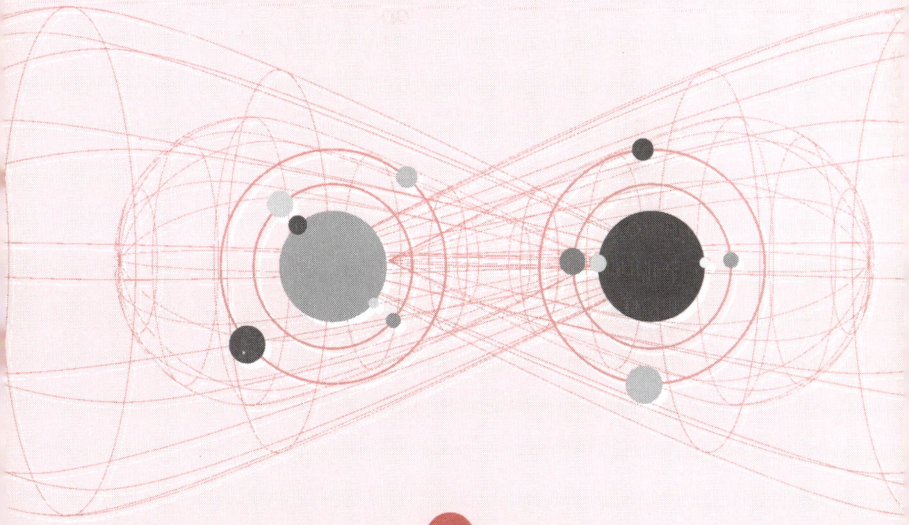

L'equazione più famosa del mondo

Albert Einstein (1879-1955) è il fisico e lo scienziato più famoso del mondo. La sua fotografia con la lingua di fuori è ovunque, così come la sua equazione più nota:

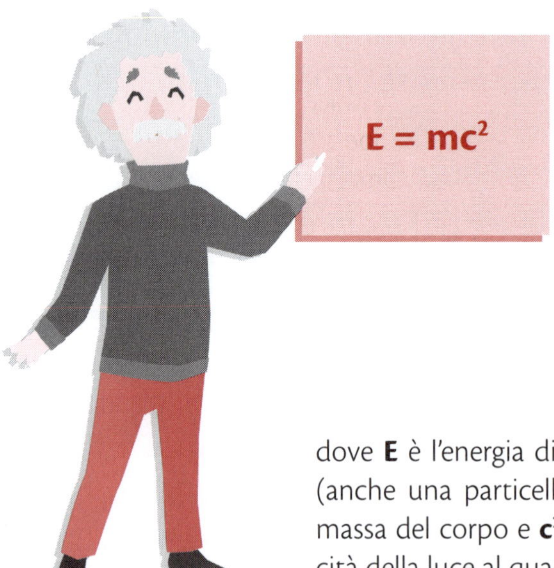

dove **E** è l'energia di un corpo (anche una particella), **m** è la massa del corpo e $\mathbf{c^2}$ è la velocità della luce al quadrato.

Questa equazione ci dice che, dato che c^2 è un numero molto grande, ogni corpo, anche un atomo, porta con sé un contenuto enorme di energia. Molti infatti pensano che questa sia la formula alla base della bomba atomica ma non è così: Einstein ci dice che ogni corpo ha una sua energia, ma non che per questo debba esplodere. Infatti fu il fisico ungherese Leo Szilard nel 1934 a concepire la reazione a catena che porterà alla bomba atomica (alla cui costruzione partecipò, tra gli altri, Enrico Fermi, ma non Einstein). L'unico contributo di Einstein alla costruzione delle prime bombe atomiche fu una lettera che scrisse al presidente degli Stati Uniti chiedendogli di decidere cosa fare della bomba atomica prima che i nazisti la potessero costruire. Dopo le bombe gettate sulle città di Hiroshima e Nagasaki, Einstein capì subito i rischi di un eventuale conflitto nucleare, divenne il presidente dell'Emergency Commitee, la commissione degli scienziati contro la proliferazione nucleare, l'11 aprile 1955 firmò con il filosofo e matematico inglese Bertrand Russell il manifesto per il disarmo nucleare e fondò il movimento pacifista Pugwash, dal nome del villaggio di pescatori in Canada dove nel 1957 si tenne il primo incontro per la sua fondazione. Morì pochi giorni dopo la firma, entrando nella leggenda.

GPS e laser

Nel 1916 Albert Einstein pubblica la parte finale della teoria della relatività generale che descrive come lo spaziotempo sia curvato dalla presenza della materia e dell'energia, e come la materia e l'energia si muovono in questo spaziotempo curvo. Questo movimento nello spaziotempo curvo è quello che chiamiamo "gravità", e una sua versione semplificata è la teoria della gravitazione di Isaac Newton. Anche questa teoria è un successo, anche più di quanto lo stesso Einstein avesse preventivato. Grazie ai suoi studi si comincia a capire l'evoluzione delle stelle e dell'universo, nasce la teoria che poi sarà chiamata

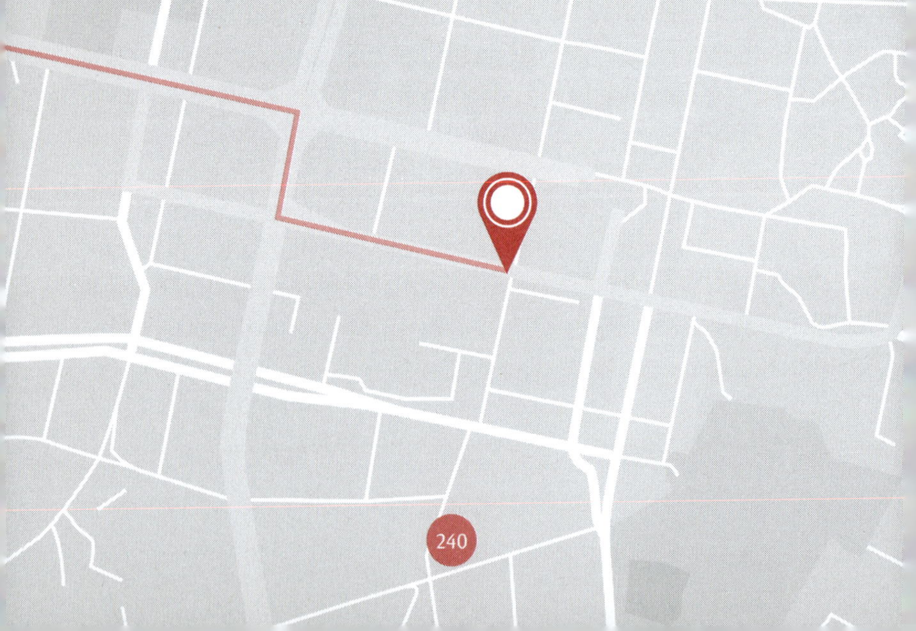

del **Big Bang** e le sue applicazioni alla cosmologia. Tra le tante applicazioni ce ne sarà una che nessuno, neppure Einstein, si sarebbe potuto immaginare: il GPS.

Tutti usiamo il GPS, il Global Positioning System, un sistema di rilevazione satellitare che permette di capire in quale punto della Terra ci troviamo. La rete satellitare in orbita manda un segnale al nostro smartphone che lo rimbalza alla rete. Quattro satelliti lo intercettano e questo permette loro di individuare dove ci troviamo. Perfetto. Solo che non potrebbe funzionare senza la relatività di Einstein. Vediamo perché.

La Terra ha un suo campo gravitazionale che curva lo spazio intorno a sé e tutto quello che si muove intorno alla Terra sente questa leggera curvatura. La sentono anche le onde elettromagnetiche che ci scambiamo con i satelliti per individuare la nostra posizione. Se non considerassimo la forza di gravità della Terra, i satelliti GPS avrebbero un ritardo di 38 microsecondi (ossia 38 milionesimi di secondo) rispetto a quelli sulla superficie terrestre e, di conseguenza, indicherebbero la nostra posizione con un errore di circa 11 chilometri. Al che il GPS sarebbe inservibile. **Grazie alla relatività possiamo calcolare l'effetto della gravità sui segnali elettromagnetici e quindi individuare la nostra posizione.** Non solo, ci permette anche di vedere in diretta le Olimpiadi dall'altra parte del mondo come se fossimo lì.

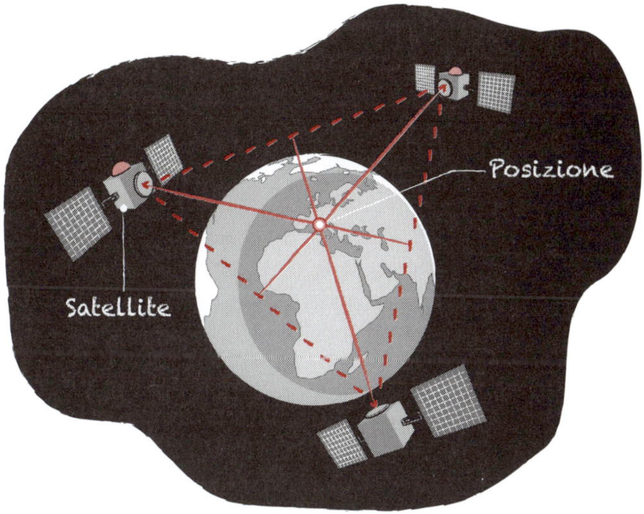

IL LASER

I laser sono intorno a noi. Alla cassa dei supermercati, nei giocattoli, negli ospedali. Anche questo lo dobbiamo ad Einstein. Non pago dei risultati della relatività, nel 1916 Albert Einstein ipotizzò che nella formazione di un'emissione di onde elettromagnetiche intervengono essenzialmente tre processi: emissione spontanea, emissione stimolata e assorbimento. Detto così si capisce poco, ma sappiate che questa fu la base con cui nel 1953 l'americano Charles H. Townes realizzò un primo dispositivo funzionante che si chiamava M.A.S.E.R., che sta per Microwave Amplification by Stimulated Emission of Radiation, da cui nel 1960 Theodore Maiman ricavò il primo laser.

Dall'effetto doppler al Big Bang

Quando sentiamo una sirena che si avvicina, sentiamo un suono sempre più acuto, poi, quando si allontana, lo sentiamo sempre più grave. Questo effetto è detto "**effetto Doppler**" perché studiato dal fisico austriaco Christian Andreas Doppler (1803 -1853) nel 1845. In pratica, man mano che la sirena si avvicina, le onde sonore ci mettono meno tempo ad arrivare al nostro orecchio e sono più frequenti quindi sentiamo un suono più alto, dovuto a una maggiore frequenza. Quando si allontanano accade il contrario: le onde ci mettono più tempo ad arrivare a noi e sentiamo un suono più basso. Invece se fossimo a bordo della macchina con la sirena sentiremmo sempre lo stesso suono: la frequenza del suono non cambia nel sistema di riferimento solidale alla sorgente, ma solo nel sistema del rilevatore.

Per Einstein lo stesso accade con le onde elettromagnetiche: se si avvicinassero, aumenterebbero di frequenza, quindi se fossero

luci colorate sarebbero di colore blu, se si allontanassero avrebbero frequenza minore, quindi virerebbero verso il rosso.
Che è quello che vide l'americano Edwin Hubble quando, nel 1929, ebbe a disposizione il telescopio più potente della sua epoca: le galassie si allontanavano tra loro, anzi, ne avevamo anche una, quella di Andromeda, che ci tallonava da "dietro" (al punto che tra qualche miliardo di anni si fonderà con la Via Lattea). Ma non solo. Se le galassie si allontanavano tra loro, allora tornando indietro nel tempo forse nel passato erano tutte riunite in un punto solo.
Era nata così la teoria del Big Bang: fu ideata dal fisico russo George Gamow negli anni Trenta e poi dimostrata dagli americani Arno Penzias e Robert Wilson nel 1965 quando scoprirono la radiazione cosmica di fondo, ossia il residuo di calore rimasto dopo il Big Bang, avvenuto più di 14 miliardi di anni fa.

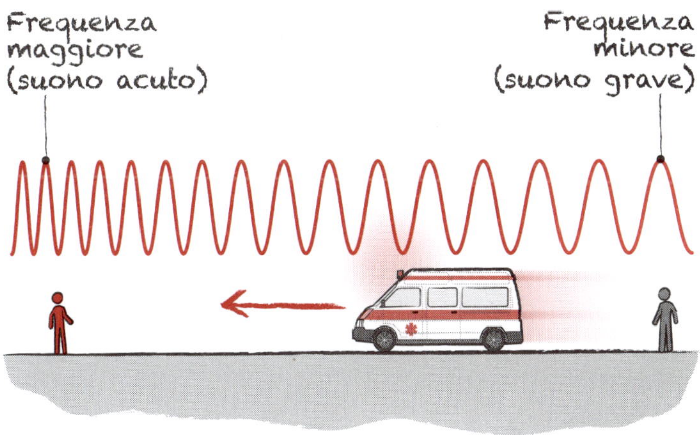

IN PRATICA

Come fanno i pipistrelli a vedere al buio gli insetti di cui si cibano?

In realtà non vedono con gli occhi, quanto con le orecchie, ossia usando l'udito. E che udito. I pipistrelli emettono infatti onde sonore, dette "ultrasuoni" perché non udibili dall'uomo, che rimbalzano sugli ostacoli e, quando tornano, permettono all'animale non solo di capire il tipo di ostacolo, ma anche se si muove, a quale velocità e in che direzione. Abbiamo visto che quando un segnale sonoro si avvicina, questo si fa più acuto perché il numero di onde sonore, ossia la loro frequenza, aumenta nello spazio tra noi e la sorgente sonora, mentre quando quest'ultima si allontana il suono si fa meno acuto perché il numero di onde sonore diminuisce. Questo effetto è proprio l'effetto Doppler, e ogni pipistrello se ne serve paragonando l'onda emessa, che ha sempre la stessa frequenza, e quella riflessa, la cui frequenza sarà più alta o più bassa a seconda se la sorgente, ossia la preda, si sta avvicinando o si sta allontanando. Questo sistema permette all'animale anche di capire se ha davanti un ostacolo fermo, come un fiore o un albero, oppure un insetto.

Quando volano in branco, ogni pipistrello ha una sua “voce”, ossia emette onde sonore con frequenze specifiche in modo da non confondersi. Gli insetti, però, hanno imparato a difendersi: alcuni di loro volano a zig zag per “disturbare” le rilevazioni, altri emettono suoni che si mescolano all’onda riflessa che arriva al pipistrello, confondendolo.

Come fanno i fiori a farsi impollinare dai pipistrelli?

Siamo abituati a vedere le piante come immobili, ferme a subire gli attacchi dei consumatori, ossia degli animali, e invece anche i vegetali agiscono, per esempio riconoscendo e utilizzando i suoni emessi dai pipistrelli. Dato che le piante non hanno organi per emettere onde sonore, sfruttano e modificano i componenti del loro corpo per “emettere” delle onde riflesse che comunichino al posto loro. Molte piante usano i pipistrelli ghiotti di polline come vettori del polline stesso. I petali di alcuni fiori hanno infatti sviluppato una forma particolare che serve a farsi riconoscere dalle onde sonore dei pipistrelli che, così, li trovano facilmente. Quando il pipistrello si appoggia, una parte del polline rimane attaccata al suo dorso e l’animale diventa così, suo malgrado, un “mezzo” di impollinazione posandosi su un nuovo fiore. Una volta scarico di polline, il fiore deforma i suoi petali in modo da dare il segnale ad altri pipistrelli che per adesso il ristorante è chiuso. Poi, quando il polline riforma all’interno, il fiore riporta i petali alla posizione originaria per comunicare che “il pranzo è servito”.

Gatti del Cheshire e meccanica quantistica

In *Alice nel Paese delle Meraviglie* di Lewis Carroll c'è il Gatto del Cheshire (detto anche Stregatto) che scompare lasciando solo il sorriso. Quindi c'è o non c'è? O esiste in due stati diversi contemporaneamente? Non è un caso che l'introduzione alla **meccanica quantistica**, la parte della fisica che si occupa dell'interazione tra energia e materia a livello atomico, avvenga proprio con un esperimento che coinvolge un gatto. Lo pensò l'austriaco **Erwin Schrödinger** (1887-1961), uno dei padri di questa teoria. Secondo il fisico, se noi abbiamo un gatto in una scatola chiusa con una fiala di veleno che si apre a caso, non possiamo dire con certezza se il gatto è vivo o morto, ma solo che esistono due probabilità (è vivo/è morto) che coesistono finché non andiamo ad aprire la scatola. In pratica, ci dice Schrödinger, con le particelle è la stessa cosa: noi non possiamo mai sapere dove sono e come si muovono nello stesso tempo, ma possiamo solo dire in quale regione probabilmente sono e con quale velocità probabile. Questo principio, detto di indeterminazione, ci dice che non è possibile sapere posizione e velocità di una particella, solo o l'una o l'altra.

È vero, è complicato e poco chiaro, è molto difficile da capire e sono circa cento anni che si dibatte sul perché funziona, ma funziona: nel suo irragionevole funzionamento, la meccanica quantistica si è rivelata l'unica teoria che ha saputo spiegare come si è formata la materia e come interagisce con l'energia. Ha solo un difetto: non si mette insieme alla teoria della relatività neppure per scherzo, anche se tra i suoi padri fondatori c'è anche Einstein. E infatti allo zio Albert la meccanica non piaceva, non l'ha mai sopportata. Eppure, funziona.

ENRICO FERMI (1901-1954)

È probabilmente il più famoso fisico italiano e il capo del più leggendario gruppo di fisici italiani (Bruno Pontecorvo, Ettore Majorana, Franco Rasetti, Edoardo Amaldi, Oscar D'Agostino, Emilio Segrè) detti "I ragazzi di via Panisperna", la via dove aveva sede il loro laboratorio. Fermi ideò la teoria del **decadimento dell'elettrone**, progettò e guidò la costruzione del **primo reattore nucleare a fissione** che produsse la prima reazione nucleare a catena controllata e fu uno dei direttori tecnici del Progetto Manhattan, che portò alla realizzazione della bomba atomica. Vinse nel 1938 il Premio Nobel per la fisica e, approfittando della cerimonia in Svezia, fuggì in America per sfuggire alle leggi razziali perché sua moglie Laura era ebrea. In suo onore venne dato il nome a un elemento della tavola periodica, il fermio (simbolo Fm), a un sottomultiplo del metro comunemente usato in fisica atomica e nucleare, il fermi, oltre che a una delle due classi di particelle della statistica quantistica, i fermioni, ossia le particelle che hanno una massa.

NIELS BOHR (1885-1962) E WERNER HEISENBERG (1901-1976)

Il danese Bohr e il tedesco Heisenberg sono stati tra i fondatori della meccanica quantistica e probabilmente i protagonisti delle storie più tragiche. Bohr era il maestro indiscusso, l'unico che poteva competere con lo stesso Einstein. Heisenberg l'allievo più promettente e ambizioso, e ideatore del **principio di indeterminazione**. **Entrambi premiati con il Nobel si trovarono su due fronti opposti durante la Seconda guerra mondiale**: Bohr nella Danimarca occupata dai nazisti, Heisenberg era lo scienziato più importante della Germania e occupato a costruire una bomba atomica.

Nel settembre 1941 Heisenberg si recò in visita a Copenaghen da Bohr, il quale capì che i tedeschi erano vicini alla costruzione della bomba atomica. Spaventato, Bohr scappò negli Stati Uniti e si unì al progetto Manhattan. I tedeschi non riuscirono a costruire la bomba atomica e non si è mai capito, neanche dopo la fine della guerra, se Heisenberg avesse avvertito apposta Bohr, se avesse sbagliato i calcoli, o se invece ci fosse stata un'incomprensione tra i due. Di certo i rapporti tra maestro e allievo si ruppero, e su Heisenberg, anche se fu sempre celebrato per essere uno dei grandi scienziati del XX secolo, rimase sempre l'ombra della sua adesione la nazismo. Non si sa se ne fosse stato convinto o se lo avesse fatto per salvare la ricerca tedesca e molti scienziati che non erano potuti scappare all'estero. Su questa vicenda sono stati scritti molti libri, il più bello è l'opera teatrale ***Copenaghen*** scritta dal drammaturgo inglese Michael Frayn.

STEPHEN HAWKING (1942-2018)

Non ha vinto il premio Nobel, ma è apparso in alcuni episodi della serie televisiva ***Big Bang Theory*** e dei ***Simpson***, i suoi libri di divulgazione sono dei best seller mondiali, e il film sulla sua vita, ***La teoria del tutto*** (2014) diretto da James Marsh è stato un campione di incassi. Stiamo parlando di Stephen Hawking, il grande cosmologo e ideatore di una **teoria sui buchi neri**, ossia su ciò che rimane di alcune stelle quando si raffreddano, che rimane uno dei vertici del pensiero scientifico. Affetto da una malattia degenerativa dei motoneuroni che lo avrebbe progressivamente paralizzato, Hawking era destinato a vivere solo altri due anni dalla diagnosi (effettuata nel 1963): è morto quasi cinquant'anni dopo, riuscendo anche a insegnare all'università di Cambridge nella stessa cattedra di matematica che era stata di Isaac Newton. La reale portata delle sue ricerche la stiamo scoprendo adesso grazie a strumenti e computer sempre più precisi nell'analizzare il cosmo come ha dimostrato la strabiliante foto dell'intorno di un buco nero che era proprio come Hawking aveva previsto.

KIP THORNE (1940)

Il suo nome è forse più famoso per essere il coautore della storia del film *Interstellar* (2014) diretto da Christopher Nolan, e basato sulle sue teorie sui buchi neri derivate dalla relatività di Einstein. L'americano Kip Thorne (1940) è, insieme a Rainer Weiss e Barry Berish, uno degli ideatoti dell'esperimento Ligo che ha portato a scoprire le **onde gravitazionali**, ossia quelle onde che, come aveva predetto Einstein nel 1916, diffonderebbero nell'universo la curvatura dello spaziotempo. L'esperimento di Thorne è un enorme interferometro, ossia due bracci a L lunghi 3 chilometri dove dentro scorrono due raggi laser che si incrociano, Se un'onda gravitazionale passasse nella macchina, questa modificherebbe lo spazio dove passa il laser e l'incrocio sarebbe falsato. Ci sono voluti cinquant'anni tra ideazione, costruzione e realizzazione del progetto, insieme a un gemello italiano chiamato Virgo e ideato da **Adalberto Giazotto** (1940-2017), ma il 14 settembre 2015 l'apparecchio ha segnalato il passaggio di un'onda gravitazionale.

Non solo Einstein aveva ragione, ma questa scoperta ha aperto un nuovo modo di guardare l'universo. In poco tempo, le onde gravitazionali stanno mostrando come muoiono le stelle e come si formano gli elementi che compongono anche il nostro pianeta. Ancora non sappiamo cosa fare di questa scoperta, ma di certo un giorno qualcuno ci metterà sopra una tassa.